"十三五"国家重点图书出版规划项目

中国特色畜禽遗传资源保护与利用丛书

明 华 黑 色 水 貂

涂剑锋　荣　敏　主编

中国农业出版社

北 京

图书在版编目（CIP）数据

明华黑色水貂 / 涂剑锋，荣敏主编 . —北京：中国农业出版社，2019.12
（中国特色畜禽遗传资源保护与利用丛书）
国家出版基金项目
ISBN 978 - 7 - 109 - 26139 - 6

Ⅰ.①明…　Ⅱ.①涂…②荣…　Ⅲ.①水貂-饲养管理　Ⅳ.①S865.2

中国版本图书馆 CIP 数据核字（2019）第 254110 号

内容提要：明华黑色水貂是我国自主培育的水貂品种，以针毛短平齐、光亮灵活、绒毛丰厚、柔软致密而闻名。本书收集了该品种在管、产、学、研、用等方面积累形成的数据和资料，是多年实践经验、新技术、新成果的呈现。本书由明华黑色水貂培育人员编写而成，讲述内容翔实全面，通俗易懂，实用性强，既有利于加强水貂遗传资源保护、促进优质资源利用，也可供广大水貂养殖人员和科研教学工作者阅读参考。

中国农业出版社出版

地址：北京市朝阳区麦子店街 18 号楼
邮编：100125
责任编辑：周锦玉
版式设计：杨　婧　责任校对：刘丽香
印刷：北京通州皇家印刷厂
版次：2019 年 12 月第 1 版
印次：2019 年 12 月北京第 1 次印刷
发行：新华书店北京发行所
开本：720mm×960mm　1/16
印张：10.25
字数：170 千字
定价：72.00 元

丛书编委会

本书编写人员

主　编　涂剑锋　荣　敏

副主编　苏伟林　岳志刚　吴　琼　杨　颖

参　编　刘华淼　徐　超　王淑明　刘汇涛　徐佳萍

　　　　王洪亮　刘宗岳　唐丽昕　刘　博　刘琳玲

　　　　赵明明　张志明　赵家平　赵　佩

　　我国是世界上畜禽遗传资源最为丰富的国家之一。多样化的地理生态环境、长期的自然选择和人工选育，造就了众多体型外貌各异、经济性状各具特色的畜禽遗传资源。入选《中国畜禽遗传资源志》的地方畜禽品种达 500 多个、自主培育品种达 100 多个，保护、利用好我国畜禽遗传资源是一项宏伟的事业。

　　国以农为本，农以种为先。习近平总书记高度重视种业的安全与发展问题，曾在多个场合反复强调，"要下决心把民族种业搞上去，抓紧培育具有自主知识产权的优良品种，从源头上保障国家粮食安全"。近年来，我国畜禽遗传资源保护与利用工作加快推进，成效斐然：完成了新中国成立以来第二次全国畜禽遗传资源调查；颁布实施了《中华人民共和国畜牧法》及配套规章；发布了国家级、省级畜禽遗传资源保护名录；资源保护条件能力建设不断提升，支持建设了一大批保种场、保护区和基因库；种质创制推陈出新，培育出一批生产性能优越、市场广泛认可的畜禽新品种和配套系，取得了显著的经济效益和社会效益，为畜牧业发展和农牧民脱贫增收作出了重要贡献。然而，目前我国系统、全面地介绍单一地方畜禽遗传资源的出版物极少，这与我国作为世界畜禽遗传资源大

1

国的地位极不相称，不利于优良地方畜禽遗传资源的合理保护和科学开发利用，也不利于加快推进现代畜禽种业建设。

为普及对畜禽遗传资源保护与开发利用的技术指导，助力做大做强优势特色畜牧产业，抢占种质科技的战略制高点，在农业农村部种业管理司领导下，由全国畜牧总站策划、中国农业出版社出版了这套"中国特色畜禽遗传资源保护与利用丛书"。该丛书立足于全国畜禽遗传资源保护与利用工作的宏观布局，组织以国家畜禽遗传资源委员会专家、各地方畜禽品种保护与利用从业专家为主体的作者队伍，以每个畜禽品种作为独立分册，收集汇编了各品种在管、产、学、研、用等相关行业中积累形成的数据和资料，集中展现了畜禽遗传资源领域最新的科技知识、实践经验、技术进展与成果。该丛书覆盖面广、内容丰富、权威性高、实用性强，既可为加强畜禽遗传资源保护、促进资源开发利用、制定产业发展相关规划等提供科学依据，也可作为广大畜牧从业者、科研教学工作者的作业指导书和参考工具书，学术与实用价值兼备。

丛书编委会

2019 年 12 月

序言

　　我国是世界畜禽遗传资源大国，具有数量众多、各具特色的畜禽遗传资源。这些丰富的畜禽遗传资源是畜禽育种事业和畜牧业持续健康发展的物质基础，是国家食物安全和经济产业安全的重要保障。

　　随着经济社会的发展，人们对畜禽遗传资源认识的深入，特色畜禽遗传资源的保护与开发利用日益受到国家重视和全社会关注。切实做好畜禽遗传资源保护与利用，进一步发挥我国特色畜禽遗传资源在育种事业和畜牧业生产中的作用，还需要科学系统的技术支持。

　　"中国特色畜禽遗传资源保护与利用丛书"是一套系统总结、翔实阐述我国优良畜禽遗传资源的科技著作。丛书选取一批特性突出、研究深入、开发成效明显、对促进地方经济发展意义重大的地方畜禽品种和自主培育品种，以每个品种作为独立分册，系统全面地介绍了品种的历史渊源、特征特性、保种选育、营养需要、饲养管理、疫病防治、利用开发、品牌建设等内容，有些品种还附录了相关标准与技术规范、产业化开发模式等资料。丛书可为大专院校、科研单位和畜牧从业者提供有益学习和参考，对于进一步加强畜禽遗

传资源保护，促进资源可持续利用，加快现代畜禽种业建
设，助力特色畜牧业发展等都具有重要价值。

中国科学院院士

中国农业大学教授 吴常信

2019 年 12 月

前言

　　水貂是一种小型珍贵毛皮动物，其皮张轻柔结实，毛绒丰厚，色泽光润，是制作高档裘皮大衣的主要原料。我国于20世纪50年代从苏联引进标准貂，70年代从北欧引进标准貂和各种彩貂，80年代从北美引进黑貂和从丹麦引进深咖啡、浅咖啡及红眼白貂，2003年从美国引进世界著名短毛黑貂，2014年又从丹麦引进天鹅绒的红眼白、咖啡、银蓝等彩貂进行饲养繁育。几十年来，我国的水貂养殖数量不断增长，养殖的种类也不断更新、升级，2013年高峰时年产皮张达8 000万张，水貂养殖不断推动着我国农业农村经济向前发展。

　　优良水貂种源是养殖成功的基础。现阶段我国水貂养殖种源还主要依赖国外进口，由于国内外养殖条件的巨大差异，国外引入的优质种源在国内利用效率较低，退化较快。明华黑色水貂是国内自主培育的水貂新品种，具有针毛短、平、齐，绒毛丰厚、柔软、致密，皮板优良等特点，且有适应我国养殖条件、不退化等优点，特别适合广大养殖企业（户）饲养。

　　明华黑色水貂培育是一个产、学、研相结合的过程，育

1

种小组形成了一套科学的饲养管理技术。本书对明华黑色水貂培育概况、品种特征和性能、品种保护、品种繁育、营养需要与常用饲料、饲养管理、保健与疾病防控、养殖场建设与环境控制，以及屠宰、取皮及加工等内容进行了详细叙述，是多年生产实践经验的总结。本书编写人员由明华黑色水貂培育小组成员组成。本书适用性和可操作性强，文字简练易懂，不仅适合水貂养殖企业（户）使用，也适合水貂专业技术人员参考。希望本书的出版能切实提高我国水貂养殖水平，提高养殖效率，解决水貂产业发展中存在的实际问题。

由于编者专业知识水平有限，书中内容难免会出现欠妥或谬误之处，敬请批评指正，不胜感谢！

编　者

2018 年 12 月

目录

第一章
培 育 概 况

明华黑色水貂是大连名威貂业有限公司与中国农业科学院特产研究所共同培育的水貂新品种。明华黑色水貂以美国短毛黑色水貂为育种素材，通过高强度选择、本品种选育而成。明华黑色水貂继承了育种素材针毛平、齐、光亮灵活，绒毛丰厚、柔软致密的优点，下颌白斑和腹部白档个体比例明显下降，分别由 37.97% 降至 4.20% 和 25.98%，直至完全无白档；历经 11 年的培育，明华黑色水貂的适应性、抗病力和耐粗饲性显著增强，繁殖成活率明显提升。

一、育种目标

育种目标为培育具有生产性能达到国内一流、国际先进水平的短毛黑色水貂品种，能够替代进口种貂，要求本品种适宜国内养貂生产水平，在规模化生产中性能表现优异和稳定，并得到广泛的推广应用和市场认可。具体指标：下颌白斑比例低于 5%，腹部完全无白档；公貂体重大于 2 kg、体长大于 42 cm，母貂体重大于 1 kg、体长大于 38 cm；胎平均产仔数大于 4 只，群平均成活数大于 3 只，45 d 断奶成活仔貂数大于 3 只；公貂一等皮张比例 90% 以上，母貂一等皮张比例 88% 以上；建立 12 个育种核心群。

二、技术路线和技术策略

针对目前貂皮市场需求，优化确定育种目标；采用常规育种和现代育种技术相结合方法，提高育种效率；试验与生产相结合，节约育种成本；新种群培育与良种繁育体系组建相结合，加快成果推广应用。以下为实施的育种路线和技术策略。

1. 种貂场基础建设、生产管理及其完善改进　主要针对实施育种任务的核心育种场、扩繁貂场，分别从人员、设施、饲料营养、疾病控制、生产运转等主要环节，通过问题评估、技术优化集成和关键技术攻关，健全管理制度，建立高水平、低风险的生产制度和育种体系，为实施育种项目提供坚实基础保障。

2. 种貂生产性能测定、记录和精细管理体系建设　针对现代水貂育种和集约化繁育管理要求，设计出规范适用的种貂生产性能测定规程和记录体系，使种群性能测定、遗传评估、选种选配与种貂生产融为一体，在生产中完成育种测定和种貂选择，且提高选择强度，降低育种成本。

3. 国外短毛黑色种貂品种引进、鉴定和合理利用　引进发达国家先进的短毛黑色种貂资源，通过性能测定、遗传评估和应用分子生物学等技术手段，对现有的水貂种质资源和新引进的水貂种质资源进行鉴定，分析其遗传纯度和群间差异，从而设计最合理的育种材料利用策略，为新品种的培育提供指导。通过开展对引进水貂资源生长、毛绒品质、繁殖等优势性状相关分子标记的筛选与应用研究，培育具有自主知识产权的高产、优质、适应性广泛的短毛黑色水貂新品种。

4. 短毛黑色水貂新品种的培育路线　首先进行育种规划，确定新品种培育的育种目标，采用纯系内选育的方法建立育种基础群。其次采用性能测定、遗传评估、活体测定与分子生物学技术、信息技术相结合的育种新技术进行定向选育和提纯，培育出短毛黑色水貂新品种。

5. 短毛黑色水貂新品种的培育策略　采取"多核心群"育种策略，即在育种核心群之外，同步保持相应规模的备份育种群，尽最大可能避免毁灭性疾病的风险、提高育种效率和育种群的生物安全保障；借助现代育种管理软件系统，在大规模种貂生产中选育和验证核心群，以培育生产性能优异、大群生产性能稳定的新品种种群。

6. 水貂饲养繁育技术体系的建立　水貂饲养繁育技术包括饲养管理、繁殖育种、疾病防治、产品加工等四项主要技术。开展水貂饲养繁育技术的科研攻关，有利于促进毛皮养殖业的生产经营活动，朝高产、优质、高效、高科技含量、高附加值、科学化、规范化、产业化方向健康发展；有利于优化产业结构，提高产品质量和产品档次，增强国内外市场竞争力，增加企业的经济效益，促进农民增收、农业增效。

三、育种方法

1. 育种材料 从美国威斯康星州布赫尔福瑞（Buhl‐frye）水貂养殖场引进的美国短毛黑水貂，父本按照毛绒品质、体型等指标选择，母本按照繁殖性状等指标选择。父母本均需体型外貌一致。

2. 基础群组建方案 引进美国短毛黑水貂 2 668 只，其中种公貂 512 只、种母貂 2 156 只，进行纯种繁育，经过性能测定、遗传评定后选优提纯，培育新品种。

3. 选种方法 根据生产和市场需求，结合育种规划研究制订育种目标，通过个体性状评定、系谱选择和后裔性状评定等方法选择。个体性状评定是根据水貂个体性状数值进行选择，包括外貌特征、体重、毛绒品质、繁殖性能等方面。系谱选择是通过系谱记录，比较不同个体的亲代或其较近祖先的性状数值来进行选择。后裔评定是通过后代的性状来进行选择。种貂年龄以 1～2 岁为宜，要求种公貂所配母貂为 5 只以上，种母貂要求胎产成活数 4 只以上。在相同的饲养条件下对所产仔貂进行初生重、生长发育速度、抗病性能等指标进行检测，通过母女对比法或同龄后代对比法评价种貂。

（1）性能测定 水貂的性能测定包括体重、体长、毛绒品质和繁殖性状等。分别采集、测定相应的生产信息和数据，按照性能测定规程测定指标。

（2）选种阶段 根据育种工作的需求，每年分初选、复选、精选 3 个阶段进行选种。

① 初选：在 5—6 月进行，选择发情早、交配顺利、产仔早、产仔多、母性强、乳量充足、所产仔貂发育正常的成年母貂留种；选择 5 月 5 日前出生、发育正常、谱系清楚、采食较早的仔貂留种。初选时符合条件的成年母貂全部留种，育成貂留种数比计划留种数多 40％。

② 复选：在 9—10 月进行，除个别发病和体质恢复较差成年母貂外，其余均留种。选择发育正常、体质健壮、体型大和换毛早的育成貂留种。复选留种数比计划留种数多 20％。

③ 精选：在 11 月中上旬进行，根据选种条件和综合鉴定情况，对所有种貂进行精选，最后按育种计划定群。精选时毛绒品质选择为重点。

（3）各阶段的选择指标

① 初选：成年母貂按照产仔时间、胎产仔数、产活仔数、分窝成活数和

母性强弱，仔貂按照出生日期、初生重、45 日龄窝重进行选择。

② 复选：成年种貂按照换毛时间、毛绒品质，仔貂按照体重、体长、换毛时间、毛绒品质进行选择。

③ 精选：按照成年体重、体长，被毛颜色（针毛、绒毛），针毛长度，绒毛长度，针、绒毛长度比，腹毛长度，针绒毛细度，毛密度等指标进行选择。

四、选育方法

合理选配是育种工作的重要手段之一，目的是保持并提高优良基因频率，巩固和发展优良性状，提高种群生产性能，在保存遗传资源的基础上提高性状，达到培育优良品种的目的。明华黑色水貂选育采用闭锁选育方法进行，即纯种繁育。水貂核心群组建后，要求基本保持稳定，选育过程实行严格闭锁，不再引入任何外来水貂。采用避免近亲交配的随机交配方式，使基础群的各种基因组合都有表现的机会，增加选择素材的多样性，避免群体近交系数的过快增长。在群体内按照体型外貌、生产性能、血统来源进行选种选配，以培育出符合标准、遗传稳定的水貂新品种。

1. 种群选配的工作原则

（1）根据育种目标进行综合考虑　本品种选育要考虑相配个体的种群特性及对其后代的作用和影响，应当力求增强种群优良性状，克服缺陷。

（2）利用公貂改进种群质量　公貂留种数量少，其质量等级应高于母貂。特级、一级公貂和特级、一级、二级母貂可留作种用，其余水貂均淘汰，水貂等级划分见表 1-1、表 1-2。

（3）公母貂体型相当　个体选配应选择体型相当的水貂配种，避免过大公貂与较小母貂交配。

表 1-1　成年水貂等级标准

类别	特级	一级	二级
毛色	漆黑色	深黑色	黑色
毛质	短、平、齐、细、亮	短、平、齐、亮	平、齐、亮
体况	健壮丰满	健壮	健壮纤细
公貂配种能力	强	强	较强
母貂胎产仔数（只）	>10	>7	>5
断乳成活数（只）	9	7	5
冬季换毛	9 月上旬前	9 月中旬前	9 月下旬前

表 1-2 幼龄水貂等级标准

项目	特级		一级		二级	
	公	母	公	母	公	母
断乳重（g）	600	540	580	530	550	510
11 月份体重（g）	2 350	1 420	2 250	1 320	2 150	1 220
11 月份体长（cm）	45.3	38.7	44.3	37.7	43.3	36.7
窝产仔数（只）	>10		>7		>5	
窝产仔成活数（只）	9		7		5	
秋季换毛	9 月 10 日前		9 月 20 日前		9 月 30 日前	
毛色	漆黑色		深黑色		黑色	

2. 育种方案

（1）组建育种基础群（2003 年）　经过初选、复选和精选等步骤，从引进的短毛黑色水貂貂群中，精选公貂 512 只、母貂 2 156 只，组成基础貂群，挑选经验丰富的饲养管理人员进行饲养，并配备专业育种人员负责育种工作。

（2）纯种繁育提高阶段（2004—2011 年）　纯种繁育即本品种内配种选育，主要用于固定某些独特性状优点的品种。明华黑色水貂的选育主要是充分利用短毛黑水貂毛绒品质优异的特性。主要任务是选取达到育种目标的优异个体留作种用，严格淘汰不合要求的个体，逐年选育，提高质量。

3. 加强水貂饲养管理　根据短毛黑水貂的生理特点及营养需要，科学配制日粮，合理掌握采食量。蛋白质饲料以动物性蛋白饲料为主，主要是海杂鱼、其他鱼类和畜禽副产品及蛋类等；能量饲料以膨化玉米粉为主；添加剂饲料主要是矿物质、维生素等。水貂以饲喂鲜饲料为主。水貂各时期的营养标准和日粮配方见表 1-3、表 1-4。

表 1-3 水貂各时期营养标准

营养物质	育成期	维持期	妊娠期	营养物质	育成期	维持期	妊娠期
热能（MJ/kg）	22.19	17.79	22.19	维生素 B_1（mg）	1.2	1.1	—
蛋白质（%）	25	—	—	维生素 B_2（mg）	1.5	—	—
食盐（%）	0.5	0.5	0.5	叶酸（mg）	0.5	—	—
钙（%）	0.4	0.4	0.4	烟酸（mg）	20	—	—
磷（%）	0.4	0.3	0.4	泛酸（mg）	6.0	—	—

（续）

营养物质	育成期	维持期	妊娠期	营养物质	育成期	维持期	妊娠期
维生素 A（IU）	3 500	—	—	吡醇素（mg）	1.10		
维生素 E（mg）	2.5						

表 1-4　水貂各时期日粮配方（%）

饲料	准备配种期和配种期	妊娠期和产仔哺乳期	育成期	换毛期
海杂鱼	55	58	45	50
鸡骨架	15	18	35	30
鸡蛋	6.7	7	—	—
谷物	15	12	12	12
添加剂	1	1	0.5	0.5
水	7.3	4	7.5	7.5
合计	100	100	100	100

　　4. 做好水貂体况调节工作　生产实践证明，水貂体况与繁殖力密切相关，只有适宜的体况才能发挥高水平的繁殖性能。体况控制的目的就是要在满足营养、确保健康的前提下，采取科学的方法，将水貂的体况调整到有利于提高繁殖性能的程度。

　　（1）控制体况标准　冬毛成熟后，种貂体况基本都处于中上等水平，取皮后从 12 月中旬开始体况陆续下调，要求 1 月中旬调到中等体况，2 月中旬调到中下等体况，然后稍做提高，争取在 3 月初达到中等略偏下水平，参加配种。此种体况可一直保持到 3 月末。4 月初开始陆续上调，4 月中旬达中等体况，以后可以不再控制，在具体掌握水貂体况标准的过程中，应本着公貂高于母貂、老龄貂高于幼貂的原则进行。

　　（2）控制体况方法　调整饲料配比，提高动物性饲料比例，降低谷物和蔬菜比例。根据水貂类型、体型、年龄、性别及个体肥瘦程度，准确掌握每只水貂的饲喂量。调整垫草用量，瘦弱貂多给垫草，母貂多给，公貂少给。增加活动量在控制种貂体况的工作中有着重要的意义，既能降低种貂肥度，又能增强种貂体质，主要采取以下两种方法：①逗引法，在日常饲养管理过程中经常逗引种貂在笼内活动，增加运动量，以控制其体况；②食物引诱法，每天早晚饲喂前，应先将食盒放到种貂笼箱上，引诱种貂在笼内活动 1 h 以后，再饲喂。

　　调节水貂体况应采用科学合理的方法，严格按照水貂体况调节标准（表 1-5）

执行，要根据公貂高于母貂、老母貂高于幼貂的原则进行，育种研究小组成员要不定期检查。

表 1-5 水貂体况调节标准

调节时间	冬毛成熟	12月中旬、1月中旬、2月中旬	2月下旬、3月初	4月初、4月中旬	4月中旬
调节后体况	中上等水平	中等水平	中等略偏下水平	中等水平	达到中等水平

5. 水貂发情鉴定工作　进行水貂发情鉴定工作，能够准确掌握配种的最佳时期，尽早发现由于饲养管理不当造成的水貂生殖系统发育不全问题，并及时采取补救措施。每年分别在11月15日和1月10日前进行2次种公貂发情鉴定，主要是用手触摸睾丸，淘汰单睾及患睾丸炎公貂；进行4次母貂发情鉴定，即1月30日、2月10日、2月20日和配种前进行发情鉴定，主要观察母貂外生殖器官的形态变化，根据外生殖器官的外形判断其发情阶段，标记清楚并记录。

配种期间，检测种公貂精液品质，以提高种公貂利用率。初配公貂要进行精液品质检查，品质好的种貂继续使用，品质不好的直接淘汰。

6. 做好主要传染病的预防工作　对水貂危害较大的疾病主要是犬瘟热、病毒性肠炎和阿留申病，每年对全群水貂进行2次犬瘟热和病毒性肠炎疫苗的接种工作（1月和7月）。

五、育种过程

育种过程分为风土驯化、选育提高和中试推广3个阶段。

1. 风土驯化阶段　2003年，以引进的美国短毛黑水貂作为育种素材进行风土驯化。严格选择符合育种目标的个体留种，种公貂配种后不再留用，优质种母貂可留用2～3年。2006年组成12个自群繁育群，组建0世代。

2. 选育提高阶段　2007—2010年，连续4个世代定向选育，稳定和提高生产性能，降低下颌白斑和腹部白档个体比例，扩大群体数量。

3. 中试推广阶段　2011—2013年，进行中间饲养试验。明华黑色水貂很好地适应了中试地点气候环境条件，生长发育和繁殖性能良好，遗传性能稳定，主要经济性状指标经农业部特种经济动植物及产品质量监督检验检测中心检测，符合育种目标。

六、育种结果

1. 群体规模　2013年年底，明华黑色水貂群体数量达到9 628只，其中核心群母貂3 522只、公貂705只。

2. 体重及体尺　成年公貂体重大于2.20 kg，体长大于42.5 cm；母貂体重大于1.30 kg，体长大于38.5 cm。

3. 被毛品质及皮张等级　明华黑色水貂继承了原品种毛绒特性，全身毛色漆黑，光泽度强，针毛平齐，绒毛丰厚、柔软致密，全身无杂毛；针毛长度、绒毛长度、针、绒毛长度比及毛密度数据见表1-6，下颌白斑个体比例由37.97%降至4.20%，腹部白裆个体比例由25.98%降为无白裆。新品种与原品种皮张等级比较见表1-7。

表1-6　明华黑色水貂被毛表型数据

性别	部位	绒毛长度（mm）	针毛长度（mm）	针、绒毛长度比	毛密度（根/cm²）
公	十字	12.4±0.3	19.7±0.3	1∶0.63	—
	背部	17.8±0.2	20.3±0.4	1∶0.88	24 550
	臀部	16.7±0.6	22.7±1.2	1∶0.74	—
	腹部	12.8±0.8	14.5±2.2	1∶0.88	23 200
	平均	15.0±0.4	19.3±1.3	1∶0.78	23 875
母	十字	11.2±0.2	15.5±1.3	1∶0.72	—
	背部	15.4±0.7	17.2±1.1	1∶0.89	23 207
	臀部	16.0±0.8	18.8±0.6	1∶0.85	—
	腹部	12.2±0.3	16.1±1.9	1∶0.78	21 253
	平均	13.7±0.5	16.9±1.3	1∶0.81	22 230

表1-7　新品种与原品种皮张比较

品种	针毛长度（mm）	绒毛长度（mm）	针、绒毛长度比	毛密度（根/cm²）	皮张等级		
					一级	二级	等外
明华公	19.3	15.0	1∶0.78	22 800	93.85	3.33	2.82
原种母	19.2	15.1	1∶0.79	22 800	94.06	3.09	2.85
明华公	16.9	13.7	1∶0.81	22 200	95.05	3.67	1.28
原种母	16.9	13.8	1∶0.82	22 200	94.51	3.45	2.04

4. **繁殖性能** 明华黑色水貂平均产仔数 4.84 只，45 d 断奶成活数 3.88 只。与原种的繁殖性能比较见表 1-8。

表 1-8 新品种与原品种繁殖性能比较

品种	参配母貂（只）	受配率（%）	公貂利用率（%）	产胎率（%）	胎平均产仔数（只）	仔貂成活率（%）	群平均成活数（只）
明华黑色水貂	2 560	97.9	82.3	81.3	4.84±0.54	92.5	3.88
原种	2 100	97.3	81.7	80.8	4.45±0.45	90.6	3.51

5. **生长发育** 测定初生、45 日龄、60 日龄、90 日龄、120 日龄和 180 日龄体重、体长，明华黑色水貂与原种生长发育性能比较见表 1-9。

表 1-9 新品种与原品种生长发育性能比较

日龄	体重（g）				体尺（cm）			
	明华黑色水貂		原种		明华黑色水貂		原种	
	公	母	公	母	公	母	公	母
初生	11.0±0.81	11.0±0.85	10.5±0.77	10.5±0.74	7.6±0.51	7.6±0.47	7.4±0.52	7.4±0.50
45	448.4±40.5	423.0±38.7	440.5±37.2	432.0±37.5	24.5±1.41	23.5±1.37	24.5±1.33	24.5±1.44
60	852.0±75.9	725.0±63.4	852.0±80.3	736.0±67.5	29.6±1.96	27.5±1.89	29.7±1.95	28.8±1.82
90	1 407.0±135.7	917.0±101.4	1 407.5±128.9	936.0±99.5	38.8±2.44	34.1±2.11	38.9±2.38	34.4±2.05
120	1 730.0±155.2	1 070.0±105.6	1 730.0±162.3	1 126.0±110.7	41.9±2.56	36.5±2.14	41.4±2.36	36.4±2.01
150	1 897.0±167.5	1 103.0±108.6	1 897.5±168.8	1 194.0±115.2	42.5±2.62	37.9±2.31	42.5±2.58	36.8±2.25
180	2 150.0±195.4	1 220.0±122.3	2 150.0±199.2	1 262.5±130.5	43.3±2.84	38.7±2.35	43.4±2.91	37.1±2.31

6. **遗传性** 明华黑色水貂生产性能表现出稳定的遗传性，体重、体长、针毛长度、绒毛长度和针、绒毛长度比的遗传力分别是 0.28、0.32、0.49、0.53、0.51（表 1-10），均属高遗传力，以上性状通过个体选择可获得较好的遗传进展。

表 1-10 明华黑色水貂遗传性

性状	加性方差（V_A）	剩余方差（V）	表型方差（V_P）	遗传力（h^2）
体重	0.003 5	0.003 7	0.012 50	0.28
体长	7.676 0	7.516 0	23.987 50	0.32
针毛长度	0.369 0	0.384 1	0.753 20	0.49
绒毛长度	0.287 9	0.255 3	0.543 20	0.53
针、绒毛长度比	0.002 2	0.002 1	0.004 35	0.51

7. 适应性　与原品种相比，新品种具有适应我国气候环境、耐粗饲、抗病力强等特点。

七、推广应用的范围、条件和前景

明华黑色水貂适应性强，不仅适合规模化养殖企业饲养，也适合农户庭院式养殖。明华黑色水貂针毛短、平、齐，绒毛浓厚、柔软致密，皮张售价高，制成品深受广大裘皮消费者的认可和好评。在东北地区、华北地区和胶州湾地区比较适合养殖。

中试和推广结果证明，明华黑色水貂育种工作取得了良好的经济效益和社会效益。2011—2013 年，大连明华经济动物有限公司生产种貂 32 605 只，繁育仔貂 106 488 只，为企业创造经济效益 2 981.65 万元；中试种貂 11 812 只，创造经济效益 472.48 万元。明华黑色水貂的育成将减少优质水貂种源的进口，保证国内加工业对高端产品市场的需求。

八、明华黑色水貂培育项目的意义

明华黑色水貂的育成，标志着我国水貂产业从依赖引种走向自主创新的新阶段，对于打破长期依赖进口水貂品种的局面，促进我国水貂产业升级，提升市场竞争力有着重要意义。

第二章
品种特征和性能

第一节　品种特征

一、形态特征

明华黑色水貂头型轮廓明显，面部粗短，嘴唇圆，鼻镜湿润、有纵沟，眼大有神，耳小；躯干颈短而粗圆，胸部略宽，背腰粗长，后躯较丰满，腹部较紧凑；前肢短小，后肢粗壮，爪尖利、无伸缩性；公、母貂体重（11月）分别为1.9～2.6 kg和0.9～1.4 kg；公、母貂体长（11月）分别为42～45 cm和38～42 cm。

二、毛被特征

明华黑色水貂毛色漆黑，背腹毛色一致，底绒灰黑，全身无杂毛，腹部无白裆，下颌基本无白斑；针毛平、齐，光亮灵活有丝绸感，公、母貂针毛长度分别为19～22 mm和16～19 mm，绒毛致密，无损伤缺陷，公、母貂绒毛（背部）长度分别为16～19 mm和14～17 mm，针、绒毛长度比（背部1/2处）1∶0.8以上；针毛细度53～56 μm，绒毛细度12～14 μm，毛密度在19 550根/cm² 以上。

第二节　生产性能

一、生长性能

1. 体重与体尺　明华黑色水貂成年公貂的平均体重2.32 kg，体长44.20 cm；成年母貂的平均体重1.36 kg，体长35.45 cm。0～5世代明华黑色水貂体重及体长变化情况见表2-1、表2-2。结果显示，各世代公、母貂体重及体长均值表现为逐年递增趋势，变异系数变化小。

表2-1 明华黑色水貂各世代体重

世代	性别	数量（只）	总和（kg）	平均数（kg）	标准差（kg）	变异系数（%）
G0	公	40	92.79	2.319 7	0.161 1	7.03
	母	200	251.45	1.257 2	0.092 1	7.35
G1	公	40	93.34	2.333 5	0.137 8	5.98
	母	200	260.64	1.303 2	0.132 3	10.18
G2	公	40	92.90	2.322 5	0.130 6	5.69
	母	200	272.40	1.362 0	0.151 2	11.13
G3	公	40	92.90	2.323 0	0.132 0	5.69
	母	200	272.40	1.366 0	0.163 7	11.13
G4	公	40	92.90	2.322 0	0.130 5	5.69
	母	200	272.40	1.362 0	0.151 8	11.13

表2-2 明华黑色水貂不同世代体长

世代	性别	数量（只）	总和（cm）	平均数（cm）	标准差（cm）	变异系数（%）
G0	公	40	1 793	44.825 0	1.973 4	4.46
	母	200	6 799	33.995 0	2.551 9	7.53
G1	公	40	1 767	44.175 0	1.664 1	3.82
	母	200	6 887	34.435 0	2.562 8	7.46
G2	公	40	1 792	44.812 5	1.709 2	3.86
	母	200	7 080	35.400 0	2.416 6	6.84
G3	公	40	1 771	44.307 0	1.623 6	3.70
	母	200	7 090	35.488 0	2.268 3	6.25
G4	公	40	1 768	44.200 0	1.767 1	4.05
	母	200	7 090	35.450 0	2.210 8	6.25

2. 生长发育情况及与其他水貂品种的比较 明华黑色水貂初生、45日龄、60日龄、90日龄、120日龄、180日龄体重、体长结果，以及与其他水貂品种进行比较情况见表2-3、表2-4。结果显示，明华黑色公貂初生重为11.0 g，约高于美国短毛黑公貂、东北黑褐色公貂、金州黑公貂，略低于山东黑褐色公

貂。45 日龄时，明华黑色公貂体重为 448.4 g，生长速度高于美国短毛黑公
貂、东北黑褐色公貂，略低于金州黑公貂和山东黑褐色公貂；明华黑色母貂
45 日龄体重为 423 g，与美国短毛黑母貂基本持平，低于其他品种母貂体重。
60 日龄时，明华黑色公貂体重为 852 g，基本与美国短毛黑公貂持平，低于东
北黑褐色公貂、金州黑公貂、山东黑褐色公貂；明华黑色母貂体重为 725 g，
与美国短毛黑母貂基本持平，低于其他品种同日龄的母貂。90 日龄时，明华
黑色公貂体重为 1 407 g，生长速度低于山东黑褐色公貂，高于其他品种公貂；
明华黑色母貂体重为 917 g，高于美国短毛黑、金州黑和东北黑褐色同日龄的
母貂体重。120 日龄时，明华黑色公貂体重为 1 730 g，高于美国短毛黑公貂，
低于其他品种公貂；明华黑色母貂体重为 1 070 g，与美国短毛黑母貂体重基
本相同，高于东北黑褐色母貂，低于金州黑母貂和山东黑褐色母貂。150 日龄
时，明华黑色公貂体重为 1 897 g，基本与美国短毛黑公貂持平，低于其他品
种公貂；明华母貂体重为 1 103 g，基本与美国短毛黑母貂、东北黑褐色母貂
的体重持平，略低于其他品种同日龄的母貂。180 日龄时，明华黑色公貂体重
为 2 150 g，略低于山东黑褐色公貂，高于其他品种公貂；明华黑色母貂体重
为 1 220 g，高于美国短毛黑母貂、东北黑褐色母貂、金州黑母貂，低于山东
黑褐色母貂。

表 2-3　各品种水貂不同日龄仔貂体重增长情况对比

品种及 性别	数量 (只)	初生 (g)	45 日龄 (g)	60 日龄 (g)	90 日龄 (g)	120 日龄 (g)	150 日龄 (g)	180 日龄 (g)
明华黑色公貂	60	11.0	448.4	852.0	1 407.0	1 730.0	1 897.0	2 150.0
美国短毛黑公貂	50	10.3	426.2	851.6	1 270.0	1 650.0	1 896.0	2 110.0
东北黑褐色公貂	80	10.3	436.4	861.3	1 279.0	1 750.0	1 978.0	2 103.0
金州黑公貂	100	10.8	456.3	870.0	1 280.0	1 770.0	2 009.7	2 102.0
山东黑褐色公貂	200	11.2	463.7	890.0	1 520.0	1 820.0	2 012.5	2 230.0
明华黑色母貂	60	11.0	423.0	725.0	917.0	1 070.0	1 103.0	1 220.0
美国短毛黑母貂	120	10.3	422.0	726.5	876.0	1 080.0	1 110.2	1 198.0
东北黑褐色母貂	220	10.3	430.0	770.4	870.0	1 020.3	1 105.0	1 137.0
金州黑母貂	100	10.8	427.6	775.0	870.0	1 095.0	1 182.0	1 207.0
山东黑褐色母貂	200	11.2	438.4	789.0	980.0	1 150.6	1 200.0	1 265.4

表 2-3 显示，明华黑色水貂（公、母）的体重与引进的美国短毛黑水貂

（公、母）相比基本趋于一致。60 日龄前，明华黑色水貂、美国短毛黑水貂、东北黑褐色水貂、金州黑水貂、山东黑褐色水貂的体重变化趋于一致；90 日龄，明华黑色水貂、山东黑褐色水貂生长的速度快于其他品种；到 180 日龄时，山东黑褐色水貂的体重增长最大。

表 2-4　各品种水貂不同日龄仔貂体长增长情况对比

品种及性别	数量（只）	初生（cm）	45 日龄（cm）	60 日龄（cm）	90 日龄（cm）	120 日龄（cm）	150 日龄（cm）	180 日龄（cm）
明华黑色公貂	60	7.6	24.5	29.6	38.8	41.9	42.5	43.3
美国短毛黑公貂	50	6.8	20.8	29.4	39.2	40.6	42.3	44.2
东北黑褐色公貂	80	7.2	27.1	32.3	39.0	41.8	42.4	44.1
金州黑公貂	200	7.0	26.2	30.0	39.0	41.6	42.9	44.1
山东黑褐色公貂	60	7.5	26.8	31.2	38.6	41.9	42.9	43.3
明华黑色母貂	100	7.6	23.5	27.5	34.1	36.5	36.6	36.7
美国短毛黑母貂	220	6.8	23.3	27.0	33.7	36.4	37.5	39.5
东北黑褐色母貂	100	7.2	24.6	28.2	34.6	37.2	37.4	37.6
金州黑母貂	60	7.0	25.4	29.0	32.7	38.7	38.8	40.0
山东黑褐色母貂	48	7.5	24.8	29.3	31.8	38.4	38.6	39.0

表 2-4 显示，各品种水貂出生时，公、母仔貂体长基本一致，明华黑色水貂初生体长为 7.6 cm，略高于其他品种水貂的初生体长。出生后各品种水貂体长增长速度并不一致。45 日龄时，明华黑色公貂体长为 24.5 cm，高于美国短毛黑公貂 20.8 cm，低于其他品种公貂；明华黑色母貂体长为 23.5 cm，与美国短毛黑母貂基本相同，低于其他品种母貂。60 日龄时，明华黑色公貂体长为 29.6 cm，与美国短毛黑公貂的体长基本相同，低于其他品种公貂；明华黑色母貂体长为 27.5 cm，高于美国短毛黑母貂，低于其他品种母貂。90 日龄时，明华黑色公貂体长为 38.8 cm，与其他品种公貂体长基本相同；明华黑色母貂体长为 34.1 cm，体长比美国短毛黑母貂、金州黑母貂和山东黑褐色母貂略长。120 日龄时，明华黑色公貂体长为 41.9 cm，与山东黑褐色公貂相同，高于其他品种同日龄的公貂；明华黑色母貂体长为 36.5 cm，与美国短毛黑母貂基本相同，低于其他品种母貂。150 日龄时，明华黑色公貂体长为 42.5 cm，与其他品种同日龄的公貂体长基本相同；明华黑色母貂体长为 36.6 cm，低于

其他品种同日龄的母貂。180 日龄时，明华黑色公貂体长为 43.3 cm，与山东黑褐色公貂相同，低于其他品种公貂；明华黑色母貂体长为 36.7 cm，低于其他品种母貂同日龄体长。明华黑水貂（公、母）的体长与引进的美国短毛黑水貂（公、母）相比基本趋于一致。

3. 毛色、白斑及白裆　明华黑色水貂选育目标毛色是黑色。与引进的美国短毛黑水貂相比，基本稳定遗传了美国短毛黑水貂的体型外貌特征，且完全改善了美国短毛黑水貂下颌有白斑、腹部有白裆的特征，提高了皮张的利用率。

美国短毛黑水貂下颌有白斑个体占 40%、腹部有白裆个体占 30%。在各世代的选育过程中，淘汰下颌有白斑、腹部有白裆个体，对 0 世代 3 226 只水貂的白斑、白裆统计分析表明，其中白斑个体占 37.97%、腹部白裆个体占 25.98%。淘汰有白斑、白裆个体，只把全部为黑色的水貂留种。第 1 世代 4 500 只水貂中白斑个体占 26.40%、白裆个体占 18.89%。第 2 世代 3 308 只水貂中白斑个体占 18.38%、白裆个体占 13.48%。第 3 世代 3 957 只水貂中白斑个体占 8.79%、白裆个体占 2.27%。第 4 世代 4 227 只水貂中白斑个体占 4.20%、无白裆个体（表 2-5）。

表 2-5　各世代下颌白斑、腹部白裆统计

世代	观察数（只）	白斑、白裆表型数量及比例			
		白斑数（只）	比例（%）	白裆数（只）	比例（%）
0	3 226	1 225	37.97	838	25.98
1	4 500	1 188	26.40	850	18.89
2	3 308	608	18.38	446	13.48
3	3 957	348	8.79	90	2.27
4	4 227	178	4.20	0	0

4. 毛绒品质及等级　成年公貂针毛长度十字部（19.7±0.3）mm、背部（20.3±0.4）mm、臀部（22.7±1.2）mm、腹部（14.5±2.2）mm；成年母貂针毛长度十字部（15.5±1.3）mm、背部（17.2±1.1）mm、臀部（18.8±0.6）mm、腹部（16.1±1.9）mm；成年公貂绒毛长度十字部（12.4±0.3）mm、背部（17.8±0.2）mm、臀部（16.7±0.6）mm、腹部（12.8±0.8）mm。成年母貂绒毛长度十字部（11.2±0.2）mm、背部（15.4±0.7）mm、臀部（16.0±

0.8）mm、腹部（12.2±0.3）mm；成年公貂针、绒毛长度比（背部1/2处）为1：0.88，成年母貂针、绒毛长度比（背部1/2处）为1：0.89。成年公貂毛密度（电子显微镜扫描）背部24 550根/cm²、腹部23 200根/cm²；成年母貂毛密度（电子显微镜扫描）背部23 207根/cm²，腹部21 253根/cm²。成年公貂针毛长度平均为（19.3±1.3）mm，绒毛长度平均为（15.0±0.4）mm，毛密度平均为23 875根/cm²；成年母貂针毛长度平均为（16.9±1.3）mm，绒毛长度平均为（13.7±0.5）mm，毛密度平均为22 230根/cm²。明华黑色水貂毛绒数据统计见表1－6。

明华黑色水貂、美国短毛黑水貂、金州黑水貂、东北黑褐色水貂和山东黑褐色水貂的针毛长度，绒毛长度，针、绒毛长度比，毛密度的比较见表2－6。美国短毛黑水貂和明华黑色水貂的针毛、绒毛比较接近，其长度明显短于金州黑水貂、东北黑褐色水貂、山东黑褐色水貂。

表2－6　不同品种水貂毛绒质量比较

（引自《中国畜禽遗传资源志·特种畜禽志》）

品种	性别	数量（只）	针毛长度（mm）	绒毛长度（mm）	针、绒毛长度比	毛密度（根/cm²）
明华黑色	公	10	19.3	15.0	1：0.78	22 800
水貂	母	10	16.9	13.7	1：0.81	22 200
美国短毛	公	10	19.2	15.1	1：0.79	22 800
黑水貂	母	10	16.9	13.8	1：0.82	22 200
金州黑	公	10	21.2	13.3	1：0.63	19 000～24 000
水貂	母	20	18.7	12.2	1：0.65	18 000～20 000
东北黑褐色	公	10	22.4	14.5	1：0.65	—
水貂	母	20	20.7	13.5	1：0.65	—
山东黑褐色	公	10	23.2	15.1	1：0.65	—
水貂	母	20	21.2	13.8	1：0.65	—

明华黑色水貂、金州黑水貂和美国短毛黑水貂皮张等级见表2－7。明华黑色水貂公貂一级皮张比例为93.85%，同美国短毛黑水貂相差不大，明显高于金州黑水貂公貂一级皮张比例。明华黑色水貂母貂一级皮张比例为95.05%，高于美国短毛黑水貂和金州黑水貂母貂一级皮张比例。明华黑色水

貂公貂二级以上皮张比例为 97.18%，同美国短毛黑水貂相差不大，明显高于金州黑水貂公貂二级以上皮张比例。明华黑色水貂母貂二级以上皮张比例为98.72%，高于美国短毛黑水貂和金州黑水貂母貂二级以上皮张比例。

表 2-7　金州黑水貂、美国短毛黑水貂与明华黑色水貂皮张等级比例

(引自《中国畜禽遗传资源志·特种畜禽志》)

品种	公貂皮张等级比例				母貂皮张等级比例			
	数量 (只)	一级 (%)	二级 (%)	等外 (%)	数量 (只)	一级 (%)	二级 (%)	等外 (%)
明华黑色水貂	1 092	93.85	3.33	2.82	1 227	95.05	3.67	1.28
金州黑水貂	1 917	89.09	6.64	4.27	1 657	90.38	6.50	3.12
美国短毛黑水貂	1 324	94.06	3.09	2.85	1 274	94.51	3.45	2.04

二、繁殖性能

明华黑色水貂繁殖性能的选育目标：母貂产仔数 4 只以上，45 d 断奶成活仔貂 3 只以上，仔貂初生重 9.0 g 以上。2006—2010 年明华黑色水貂群体产仔统计显示，四代明华黑色水貂产仔（3 519 窝）（4.84±0.19）只，群平均产仔数 3.93 只，45 d 平均成活数（3.88±0.11）只（表 2-8）。

表 2-8　2006—2010 年明华黑色水貂群体产仔情况

世代	窝数	平均产仔数 (只)	群平均产仔数 (只)	45 d 平均成活数 (只)	群平均成活数 (只)
G0	2 603	4.90±0.20	4.08	3.97±0.14	3.53
G1	3 596	4.68±0.16	3.42	3.93±0.12	3.05
G2	2 697	4.51±0.15	3.33	3.83±0.09	2.35
G3	3 279	4.83±0.18	3.73	3.85±0.10	2.60
G4	3 519	4.84±0.19	3.93	3.88±0.11	2.84

不同品种水貂繁殖情况对比见表 2-9。东北黑褐色水貂、金州黑水貂种公貂的利用率高于美国短毛黑水貂和明华黑色水貂。东北黑褐色水貂、金州黑水貂、山东黑褐色水貂的胎平均产仔数和群平均成活数略高于美国短毛黑水貂和明华黑色水貂。

表 2-9　水貂繁殖情况对比

品种	参配母貂数（只）	受配率（%）	公貂利用率（%）	产胎率（%）	胎平均产仔数（只）	仔貂成活率（%）	群平均成活数（只）
明华黑色水貂	2 560	97.9	82.3	81.3	4.84	92.5	3.88
美国短毛黑水貂	1 290	91.0	89.0	81.3	5.46	87.2	3.72
东北黑褐色水貂	1 290	98.8	97.0	85.4	5.95	84.9	4.30
金州黑水貂	8 190	97.6	93.9	85.8	6.23	92.5	4.59
山东黑褐色水貂	1 350	98.8	85.0	85.4	6.27	84.0	4.83

第三节　品种标准

一、体型外貌

1. 头部　头型轮廓明显，面部粗短，嘴唇圆，鼻镜湿润、有纵沟，眼大有神，耳小。

2. 躯干　颈短而粗圆，胸部略宽，背腰粗长，后躯较丰满，腹部较紧凑。

3. 四肢　前肢短小、后肢粗壮，爪尖利，无伸缩性。

4. 体重（11月）　公貂 1.9～2.6 kg，母貂 0.9～1.4 kg。

5. 体长（11月）　公貂 42～45 cm，母貂 38～42 cm。

6. 体质　健壮。

二、毛绒品质

1. 毛色　漆黑，背腹毛色一致，底绒黑，全身无杂毛，下颌无白斑。

2. 毛质　针毛高度平、齐，光亮灵活，有丝绸感。绒毛致密，无损伤缺陷。

3. 毛长度　针毛长度（背部），公貂 19～22 mm，母貂 16～19 mm；绒毛长度（背部），公貂 16～19 mm，母貂 14～17 mm；针、绒毛长度比（背部1/2处）1∶0.8 以上。

4. 毛细度　针毛 53～56 μm，绒毛 12～14 μm。

5. 毛密度　19 550 根/cm² 以上。

三、繁殖性能

幼貂 9～10 月龄繁殖性能，年繁殖一胎。种用年限 3～4 年，公貂参加配种比率 90% 以上，母貂受配率 95% 以上，产仔率 85% 以上，胎平均产仔数 4.0 只以上，年末群平均成活数 3.6～3.9 只，仔貂成活率（6 月末）85% 以上，幼貂成活率（11 月末）95% 以上。

四、生长发育

仔、幼貂生长发育迅速，尤其断奶至 4 月龄生长发育速度更快，6 月龄接近体成熟。体重，公貂 6 月龄（2.25±0.37）kg，母貂 6 月龄（1.24±0.16）kg。

五、种貂分级标准

1. 鉴定等级标准　种貂等级鉴定按成年貂（1 周岁以上）和育成貂分别进行，种貂品质鉴定均分三个等级，见表 2-10 和表 2-11。

表 2-10　成年貂等级标准

项　目	特级	一级	二级
毛　色	深黑色	黑色	黑色
毛　质	短、平、细、亮	短、平、亮	平、亮
体　况	健壮丰满	健壮	健壮细致
配种能力	强	强	较强
母貂胎产仔数（只）	>8	>6	>4
断乳成活数（只）	7	6	5
秋季换毛	9 月中旬前	9 月下旬前	10 月上旬前

表 2-11　幼龄水貂等级标准

项目	特　级		一　级		二　级	
	公	母	公	母	公	母
断乳重（g）	≥390	≥350	≥350	≥320	≥310	≥300
11 月份体重（kg）	>2.2	>1.0	>2.0	>0.9	>1.8	>0.85
11 月份体长（cm）	>44	>40	>42	>38	>40	>36
窝产仔数（只）		>8		>6		>4
秋季换毛	9 月 20 日前		9 月 30 日前		10 月 10 日前	
毛　色	深黑色		黑色		黑色	

2. 鉴定时间 一年鉴定三次，第一次在繁殖期结束后，第二次在 10 月中旬，第三次在取皮前一周进行。第一次（初选）由饲养员按种貂分级标准进行自选，第二次（复选）由场技术员负责选种，第三次（精选）由场育种工作领导小组集体把关，经综合评定后选留、定群。

3. 种群留种原则 种公貂应达一级以上，二级不能留种；种母貂应达二级以上，留种数量经产成年貂应占种貂的 60% 以上。

六、种貂调出要求

① 种貂调出时间为 9 月中、下旬，幼貂达 5 月龄以上。

② 种貂应达到规定的留种标准。

③ 种貂体质健壮，已注射过犬瘟热和病毒性肠炎疫苗。

④ 种貂谱系清楚，并带有种貂卡片。

⑤ 推荐公母貂引种比例为 1∶（3～5）。

⑥ 应有由场方签发的种貂调出合格证和有关部门出具的检疫证明。

第三章
品 种 保 护

第一节　保种目标

保种目标就是保存明华黑色水貂的基因，维持基因频率基本不变，保持群体性状遗传性能稳定。

1. 保持原有的体型外貌　全身被毛黑色，背腹毛色一致，针毛短、平、齐、细、密，绒毛丰厚，下颌无白斑，腹部无白裆。

2. 生长性能符合本品种标准要求　成年公貂体重（2.27±0.29）kg，成年母貂体重（1.26±0.17）kg。成年公貂体长（44.57±1.56）cm，成年母貂体长（40.70±1.01）cm。胎产仔数（4.71±0.25）只，群平均产仔数 4.02 只。

3. 毛绒品质符合本品种标准要求　针毛短、平、齐、细、亮，绒毛短、平、齐，成年公貂针毛长度（背部）短于 21 mm，成年母貂针毛长度（背部）短于 18 mm；成年公貂针、绒毛长度比（背部 1/2 处）高于 1∶0.87，成年母貂针、绒毛长度比（背部 1/2 处）高于 1∶0.88，9 月中旬前进入冬毛生长期。

4. 保种核心群规模　为了防止近交衰退，保证核心群种貂规模在 300 只以上。

第二节　保种技术措施

一、保种方法

保护方法包括组建公、母貂自群繁育群，建立各自群繁育群等量随机交配的繁育制度。

二、保种技术路线

明华黑色水貂保种技术路线见图3-1。

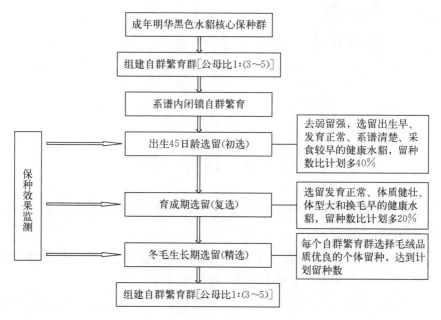

图3-1　明华黑色水貂保种技术路线

三、保种措施

要长期保存明华黑色水貂优良性状,关键在于保种过程中要有效抑制实际群体基因随机漂移和近交速率。保种主要取决5个因素:①有一个适宜的群体结构;②采取适当的留种方式;③适当延长世代间隔;④制订合理的选配方案;⑤有相对稳定的外界环境条件。

1. 种貂选择　优质种貂是保种的基础,保种场内种貂选择要求符合品种特征、健康无病、繁殖性能正常。所有种貂要求有清楚的系谱记录,实行种貂分级制度。

2. 留种方式　为防止近交,尽可能采用小群间或不同血统间的轮回配种;或者实行避开全同胞、半同胞交配的不完全随机交配。留种时,实行各群体等数留种方式。按1:(3～5)的公、母比例留种。

3. 繁育方法　实行世代闭锁繁育,群体一旦界定,不再从外场引进种貂,主要目的是巩固遗传性，同时使性能得到进一步提高。配种前做好水貂系谱查询，做好公、母貂配种登记牌，避免近亲交配；配种时，做好公、母貂配种登记工作，以备查询。

4. 世代间隔　保种要适当延长世代间隔。适当增加母貂利用年限，优质世代分明。

第三节　品种性能测定

根据水貂品种审定性能评定标准，以下为明华黑色水貂品种特性测量主要指标。

1. 生长性状　初生仔貂（窝重），45 日龄体重、体长，60 日龄体重、体长，90 日龄体重、体长，120 日龄体重、体长，150 日龄体重、体长，180 日龄体重、体长。

2. 繁殖性状　公貂利用率，母貂受配率、产胎率、胎平均产仔数，仔貂成活率。

3. 毛绒品质　成年种貂针毛长度、绒毛长度，背部 1/2 处针、绒毛长度比例，换毛时间。

4. 毛色、白斑及白裆　全身毛色漆黑，全群白斑比率，全群白裆个体比率。

第四章
品 种 繁 育

第一节　生殖生理

水貂是季节性繁殖动物，每年只在一定的季节交配、受孕和产仔。

一、繁殖特点

1. 水貂8～9月龄性成熟　即4月底至5月初出生的幼貂，翌年2月底至3月发情，公貂略早于母貂。在正常饲养管理条件下，除极少数有遗传缺陷的幼貂外，绝大部分性成熟。

2. 种貂生殖器官的季节性变化　每年4—9月处于静止期，种貂的生殖系统处于萎缩状态，不具备生殖能力。秋分至11月下旬，公貂睾丸开始发育，至翌年2月下旬，公貂的睾丸迅速发育，附睾中有大量的精子形成，睾丸开始分泌大量雄性激素；3月上中旬是公貂的性欲旺盛期，出现明显的发情表现，进入配种期；3月下旬配种能力减退，睾丸逐渐退化缩小。母貂的发情呈周期性变化，多数情况下，母貂繁殖期有3～4个发情周期，每次发情持续1～3 d，此时卵巢中的滤泡发育成熟，并可排卵受精，是配种的最佳时机。母貂的下一次发情间隔期多数为8 d。

3. 母貂刺激性排卵　只有在交配或类似交配的刺激下，经过36～48 h，甚至72 h才能排卵。公貂的精子在交配后48 h甚至60 h仍有受精能力。交配母貂排卵后会出现5～6 d的排卵不应期。在排卵不应期，无论是交配刺激还是类似交配的激素等刺激，都不能使发情的母貂排卵。水貂的交配如果发生在排卵不应期，即使成功达成交配，母貂仍然会空怀。

4. **母貂胚泡有延迟附植习性** 母貂在交配后 60 h、排卵后 12 h 内完成受精过程，到交配后第 8 天，受精卵发育成胚泡，进入一个相对静止的发育过程（滞育期或潜伏期），通常持续 1～46 d。当体内孕酮水平开始增加 5～10 d 后，胚泡才附植于子宫内，进入胎儿发育期。

二、配种

1. **发情鉴定** 主要以检查外生殖器官为主，以放对试情为辅，并结合活动表现综合判断，通俗来说就是以"看、检、放"的形式进行。

（1）看 看活动表现：公貂发情时，急躁不安，常徘徊于笼网内，食欲不振，常发出求偶的"咕咕"叫声，性情与平时相比较温驯。母貂发情时，有趋向异性的特征，精神兴奋，食欲减退，常在笼网内活动，有时在笼内爬立，或者俯卧在笼底，排尿次数明显增加，尿液呈黄绿色。

（2）检 检查外生殖器官的变化：发情公貂睾丸明显增大下垂，触摸时有弹性。母貂发情前，挡尿毛成束状，阴门部被挡尿毛盖住。当发情时，阴门有明显的形态变化。一般根据阴门部肿胀程度、色泽以及黏液变化情况分为三期：①发情前期，挡尿毛略分开，阴唇开始充血、肿胀、微外翻、呈白色或粉红色。②发情中期，即发情旺期，挡尿毛明显分开，倒向两边；阴唇肿胀，突出或外翻，有的分成几瓣，呈乳白色或粉红色，黏膜湿润；阴门分泌白色或黄色黏液。此时是水貂交配最适期。③发情后期，阴唇肿胀，外翻开始消退，黏膜干涩，有皱纹，呈苍白色，分泌的黏液干涸成痂状。个别发情母貂阴门无明显变化，称为"隐性发情"。

（3）放 放对试情：当母貂阴门始终无明显变化时，将其放入公貂笼中。发情好母貂的表现为被公貂追逐时无敌对行为，且互相嬉戏，当公貂爬胯时，母貂尾巴翘向一边，温驯地接受交配。发情不好或未发情母貂的表现为抗拒公貂的追逐爬胯，攻击公貂头部，或躲在笼角站立，发出刺耳的尖叫声。如果出现此种情况，应立即抓出母貂，将其放回原来的笼舍观察，发情好时再试配。

2. **配种日期** 发情受年龄、体况、气候、环境等因素的影响，各地、各场及个体之间的配种时间存在一些差异。一般情况下，温暖地区的水貂发情较早，配种也早；寒冷地区的水貂发情较晚，配种也晚，但差异并不大。经产母貂比初产母貂发情早。在自然条件下，山东、河北、辽宁等省养殖区一般从

3月1日开始配种，明华黑色水貂种貂场的配种时间就是在3月1日；吉林和黑龙江省养殖区的水貂开始配种时间要晚5～7 d。

水貂受精卵着床与光照周期密切相关。不论何时配种，受精卵都要等到春分日照达12 h后才植入子宫壁发育，配种结束越早，其受精卵在子宫内游离的时间也就越长，而使得"妊娠期"延长。同时，受精卵的游离时间越长，死亡率也越高，这是配种结束早而产仔率和胎平均产仔数都较低的一个重要原因。配种结束过晚，虽无延长妊娠期之弊，但到后期由于公貂配种能力有所下降，同时复配结束的落点推到了水貂发情旺期之后，使母貂的空怀率增高，同样影响繁殖效果。

3. 交配次数 水貂是刺激性排卵动物，交配动作和类似的神经刺激是引起排卵的主要因素。发情、交配、排卵、休情，再次发情、交配、排卵的周期性可重复2～3次，即水貂在繁殖季节里有几个性周期，而且在每个性周期中都有一批成熟滤泡。同时又有重复交配、重复受孕的特点，在生产中可利用这一生理特点，采用2～3次复配的方法对水貂进行重复交配，以降低空怀率，提高产仔率和产仔数。

4. 配种方式 由于水貂属于春季多周期发情，并具有某种强制性交配的特点，为了确保母貂受孕，不能采用一次配种的方式，而应在初配后再复配1～2次。明华黑色水貂生产中采用周期复配和连续复配两种配种方式。周期复配即初配完成后，间隔7～10 d，在下一次发情周期复配1～2次。连续复配即一个发情周期内连日进行复配。有时间隔一日进行复配，称为隔日连续复配。

一般采用"1+8"的配种方式效果较好，即初配后间隔8 d再复配。对于发情早的母貂，每日上、下午分别配种一次，间隔7～9 d之后进行第三次配种的方式产仔率也较高，各场可以根据实际情况，多种配种方式灵活结合运用。

5. 放对方法 正确的放对方法是配种成功的关键。一般是将母貂放入公貂笼中，因为公貂熟悉自己的笼舍环境，可以减少交配时间。若公貂交配急切、行为暴躁，也可将公貂移入母貂笼内交配。抓貂的正确方法是抓住水貂的颈部和尾部，不要抓水貂的胸部和腹部，以防损伤母貂的内脏器官。如公貂拼命撕咬，母貂尖叫、拒配，或公貂以头或臀撞击母貂，母貂被挤向角落，这时应抓回母貂，停止放对。水貂交配时，公貂叼住母貂，用前肢紧抱母貂腹部，下腹部紧贴于母貂臀部,腰弓成直角。公貂射精时,两眼眯缝,臀部用力向前推进,后肢微微颤动;母貂两眼紧闭,时而发出低吟的叫声。在放对过程中,当公貂紧抱母貂,母貂先是很温驯,但突然高声尖叫,拼命挣脱时,可能是公貂阴茎误入母貂肛门,应立即分开。如再放对时,应更换公貂或用胶布将母貂肛门封上,交配结束后,及时将母貂放回原笼。

从标准的2周期3次(1+7+1)配种母貂产仔效果来看,由同一公貂复配和2只公貂复配母貂产仔率分别为88.96%、92.13%,胎平均产仔数分别为(6.85±1.83)只、(6.72±1.93)只。异公复配作用不明显,使用这种配种方法系谱杂乱,给培育种貂带来困难,特别是在不引进种貂情况下,对更新血统极为不利。在生产中掌握好母貂的发情鉴定,并及时检查公貂精液品质,用同一公貂复配,同样可获得理想的效果。这样也便于精确制定系谱,确定仔貂的血缘关系,为来年配种提供防止近亲交配的有力依据。

6. 配种辅助措施　对于阴门狭窄的母貂,可先用手轻轻拨开阴毛,然后用较粗滴管插入阴门,将阴门扩大后,选择配种能力强的公貂与其交配。对于交配时不抬尾的母貂,可于放对前用细绳扎住尾尖,将细绳从貂笼顶端拉出,待公貂交配时,适当地用手轻拉细绳,以调整母貂后躯高度,使交配得以顺利完成。对于交配时俯卧笼底、后肢不站立的母貂,可用手或木棍托起母貂腹部与公貂交配。

对于外阴变化明显但抗拒、不接受交配的母貂,可抓住母貂,以辅助公貂交配。配种后期,当外阴部变化明显的母貂撕咬公貂时,可采用配种能力强的公貂与之交配,或用医用胶布缠住嘴和四爪后再与公貂交配。

第二节　选育方法

明华黑色水貂主要采用群体继代选育方法,即从选择基础群开始,封闭貂群,根据生产性能、体型外貌、血统来源等进行相应的选种选配。在整个培育过程中,每个世代在出生时间、饲养管理条件、选种标准和选种方法上保持一致。

一、选种方法

严格选择符合育种方向和育种目标要求的种貂。根据育种工作需求,每年分三个阶段进行选种。

1. 初选　选择发情早、交配顺利、产仔早、产仔多、母性强、乳量充足、所产仔貂发育正常的成年母貂留种；选择 5 月 1 日前出生、发育正常、谱系清楚采食较早的仔貂留种。初选时，符合条件的成年母貂全部留种。初选留种貂数比计划留种数多 40％。

2. 复选　在 9—10 月进行，除个别发病和体质恢复较差的成年母貂外，其余均留种。选择发育正常、体质健壮、体型大和换毛早的育成貂个体留种。复选留种貂数比计划留种数多 20％。

3. 终选　在 11 月中上旬进行，根据选种条件和综合鉴定情况，对所有种貂全部进行终选，最后按育种计划定群。终选时，将毛皮品质列为重点，主要包括以下几点。

（1）毛绒品质　全身被毛漆黑，全身无杂毛，针、绒毛长度比（背部 1/2 处）在 1∶0.8 以上的留种。

（2）体型　体型大，体质好，食欲正常，无疫病。公貂四肢短而粗壮，尾长而蓬松；母貂体型匀称、稍细长、臀宽，头小、略呈三角形。

（3）公母比例　1∶（4～5）。

（4）性器官　种貂性器官发育正常的留种。

选种工作一般初选由饲养员负责，复选由技术员负责，终选由育种工作小组集体把关，并始终坚持把选种工作贯穿于整个育种工作的全过程，做到严格、慎重、准确。

二、选配方法

明华黑色水貂采用同质选配方法。目的在于保持并提高优良基因频率，巩固和发展优良性状，提高种群生产性能，在保存遗传资源的基础上，提纯有益性状。

以种貂分级标准为依据，对种貂进行认真分级、归类和组群，在育种的不同阶段根据不同目的采取灵活的选配方式。

在性状选择上，父本以体型、毛绒品质为主要指标，母本以体型和繁殖性状为主要指标，在主要性状上公貂的表型值必须优于母貂的表型值。

三、配种原则和方式

1. 配种原则　按选配原则编制放对计划，在做好品质选配和避免亲缘选配的前提下，根据母貂发情早晚和所处发情阶段不同进行排队，本着发情早在前、发情晚在后，经产母貂在前、育成貂在后的原则，把参加配种的貂依次编入放对计划表内。放对时必须严格按照编配计划进行，不允许错抓乱放和双重交配。

（1）初配阶段　3月1—7日，主要对发情状况较好的母貂初配，特别注意训练种公貂，尽量提高公貂利用率。

（2）复配阶段　3月8—15日，主要对已初配的母貂进行复配，对尚未初配的母貂初配，要求所有母貂尽量达成初配和复配。

2. 配种方式　配种方式直接影响母貂的繁殖率，根据母貂达成初配的时期不同，主要采取以下两种方式。

（1）周期复配方式　3月7日以前达成初配的母貂采用周期复配的配种方式，即初配后间隔7～9 d再复配。

（2）连续复配式　3月8日以后达成初配的母貂，采取连续复配的配种方式，即初配后2～3 d再配1次，对个别不把握的在7～9 d后再补配1次。

第三节　育种措施

明华黑色水貂采用常规育种和现代育种技术相结合方法培育而成。培育过程所用的育种措施主要有以下几点。

① 针对实施育种任务的核心育种场、扩繁貂场，分别从人员、设施、饲料营养、疾病控制、生产运转等主要环节，通过问题评估、技术优化集成和关键技术攻关，健全管理制度，建立高水平、低风险的生产制度和育种体系，为实施育种项目提供坚实基础保障。

② 针对现代水貂育种和集约化繁育管理要求，设计出规范适用的种貂生产性能测定规程和记录体系，使种群性能测定、遗传评估、选种选配与种貂生产融为一体，在生产中完成育种测定和种貂选择，且提高选择强度，降低育种成本。

③ 通过性能测定、遗传评估和应用分子生物学等技术手段，对种质资源进行鉴定，分析其遗传纯度和群间差异，从而设计最合理的育种材料利用策略，为新品种的培育提供指导。通过开展对育种材料生长、毛绒品质、繁殖等优势性状相关分子标记的筛选与应用研究，加快育种进程。

④ 采取"多核心群"育种策略，即在育种核心群之外，同步保持相应规模的备份育种群，尽最大可能避免毁灭性疾病的风险，提高育种效率和育种群的生物安全保障；借助现代育种管理软件系统，在大规模种貂生产中选育和验证核心群，以培育生产性能优异、大群生产性能稳定的新品种种群。

⑤ 建立水貂饲养繁育技术体系，包括饲养管理、繁殖育种、疾病防治、产品加工等。开展水貂饲养繁育技术的科研攻关，以促进毛皮养殖业的生产经营活动朝着高产、优质、高效、高科技含量、高附加值、科学化、规范化、产业化方向健康发展。

第五章
营养需要与常用饲料

　　水貂是单胃食肉性动物，犬齿发达，适于撕裂肉类；消化道短，长度仅为体长的 4 倍左右，食物通过消化道的时间为 1～6 h；胃容积小，为 60～100 mL，无盲肠，微生物在消化过程中所起作用很小，消化液中含有丰富的蛋白酶、脂肪酶，淀粉酶分泌量少，对非结构性碳水化合物消化能力有限，尤其是未经糊化的淀粉，对植物性蛋白质的消化能力不强，对纤维素的消化能力低，谷物在水貂日粮中添加量不宜过大，应以蛋白质含量高的动物性饲料为主。

第一节　营养需求

　　营养需求是机体在适宜的环境下摄取食物，经过消化、吸收、代谢和排泄，利用食物中得到的营养物质来调节各种生理功能，维持正常、健康生长，或是达到理想的生产性能下对各种营养物质种类和数量的最低要求。不同性别、年龄、体重、生理状态及生产水平条件下，水貂对各种营养成分的需要量不同。营养需要又可分为维持需要和生产需要：①维持需要，为维持体温、呼吸、消化、循环、排泄等基本生命活动而消耗的营养需要；②生产需要，即保证水貂正常生产，如生长发育、毛皮、妊娠、泌乳、产仔等的营养需要。营养物质是指日粮中能维持生命，保证水貂健康生长、繁殖和正常生产所需要的各种物质，主要包括蛋白质、能量、脂肪、碳水化合物、矿物质、维生素和水等七类。

一、蛋白质

　　蛋白质是水貂体内除水以外含量最多的物质，是构成动物机体肌肉、神经、结缔组织、皮肤、血液等组织和器官的重要成分，是合成体内酶、激素、抗体、色素等的基本原料，这些物质维系着生命现象的基本活动；蛋白质还是水貂修补组织的必需物质。

蛋白质的消化起始于胃，吸收主要在小肠上 2/3 的部位。水貂易于消化吸收含有大量蛋白质和一定数量动物性蛋白质的饲料，并且能够对自身采食的蛋白质和能量进行调节。水貂的物质代谢水平均有所差异。相对于春、夏季，秋季和初冬的物质代谢水平较低，夏季代谢最强，冬季代谢最弱。水貂对蛋白质的吸收利用并不完全，只有不到 80% 的蛋白质能被消化利用，其余的蛋白质在体内分解释放出热量及变成废物随粪便、尿液排出体外。

蛋白质对水貂的正常生长、繁殖和生产有着极其重要的作用，尤其在母貂的妊娠期、哺乳期和幼貂的育成期，体内进行着旺盛的蛋白质代谢，同化作用大于异化作用，因此，在日粮中必须给予充足的营养价值高的蛋白质饲料。由于蛋白质在水貂体内以动态平衡的方式储留，所以，蛋白质供给过量不仅造成浪费，提高饲养成本，而且会增加肝和肾的负担。蛋白质供给不足，具体表现为以下 3 个方面。

1. 影响生长　日粮蛋白质供应不足，蛋白质代谢处于负平衡状态，水貂出现体重下降、消瘦，生长停滞，甚至死亡。饲喂低蛋白质水平的日粮，会延缓仔貂生长，增加仔貂死亡率。成年水貂长期蛋白质供给不足，可以破坏肝脏等组织器官合成酶的作用，影响血浆蛋白和血红蛋白的形成。

2. 影响毛皮质量　毛绒季节性脱换需要大量的蛋白质。蛋白质供给不足会减少产毛数量，降低毛皮质量。影响毛皮动物生长发育和毛皮品质的主要因素是日粮中粗蛋白质的含量；极低的蛋白浓度可能阻碍毛囊的再生，直接影响着冬季毛皮的绒毛密度。

3. 影响繁殖　蛋白质供应不足，会造成公貂精子生成受阻、品质下降，母貂性周期紊乱、空怀。妊娠期可使胎儿发育不良，甚至死胎、流产以及分娩后母貂缺乳，仔貂死亡。

水貂日粮蛋白质的需要量较高，占采食能量的 25%～40%，远高于其他肉食动物。水貂对蛋白质的需要主要依赖于动物性饲料。在日粮中动物性蛋白质应占 80%～90%，植物性蛋白占 10%～20%。

明华黑色水貂在准备配种期、配种期、幼貂生长发育期，日粮通常以肉类或海杂鱼为主，每千克体重日需可消化蛋白质 20～50 g。妊娠期每千克体重日需可消化蛋白质 25～30 g。毛绒生长期以鱼下杂、屠宰副产品为主时，每千克体重日需可消化蛋白质 30 g 以上；静止期，每千克体重日需可消化蛋白质不能少于 17 g。水貂需要一定数量的优质蛋白质，尤其在繁殖期和幼貂育成期更为重要。采取多种饲料混合搭配的方法可提高蛋白质的全价性。明华黑色水貂各饲养时期日粮中蛋白质的含量和比例参考美国水貂实际生产的标准（表5-1）。

表5-1 美国水貂各饲养时期日粮营养含量及比例（干物质基础,%）

营养物质	繁殖期	哺乳期	幼貂育成期	冬毛生长期
蛋白质	40~42	40~42	36~38	36~38
脂肪	18~22	24~28	26~30	20~22
碳水化合物	28~33	22~27	27~32	33~38
灰分	7~8	7~8	6~7	6~7

饲料中的蛋白质进入消化道首先被分解成氨基酸，进而被吸收，合成自身特有的蛋白质和其他活性物质（如激素、酶、嘌呤等），以满足其不断更新、生长发育和生产的需要。蛋白质品质取决于组成蛋白质的氨基酸种类和数量。当所需的各种氨基酸，尤其是必需氨基酸的种类齐全、比例适宜，即日粮中的氨基酸达到平衡时，蛋白质才能发挥最大的效果，保持最大的生产性能。如果氨基酸不平衡，即使蛋白质满足需要，也不能使水貂发挥较好的生产性能。水貂的必需氨基酸包括蛋氨酸、赖氨酸、精氨酸、组氨酸、亮氨酸、异亮氨酸、苏氨酸、缬氨酸、甘氨酸、色氨酸和苯丙氨酸等。其中，蛋氨酸是产毛家畜的第一限制性氨基酸，赖氨酸是第二限制性氨基酸，这两种氨基酸对水貂的营养作用十分重要，其含量适当提高，会提高其他氨基酸的利用率。但是，必须注意氨基酸之间存在颉颃作用。比如，日粮中赖氨酸的含量过高时，会导致大量的精氨酸从尿中排出，从而引起水貂精氨酸缺乏。明华黑色水貂饲料中主要氨基酸（推荐）占粗蛋白质含量见表5-2。

表5-2 明华黑色水貂饲料中几种氨基酸（推荐）占粗蛋白质含量（%）

氨基酸	占粗蛋白质含量	氨基酸	占粗蛋白质含量
赖氨酸	6.0	组氨酸	1.9
蛋氨酸	2.1	亮氨酸	6.8
苯丙氨酸	4.2	异亮氨酸	3.2
精氨酸	6.8		

二、能量

能量是一切生命活动的动力，动物机体维持生命活动和生产活动都需要消耗能量。动物机体所需的能量来源于碳水化合物、脂肪和蛋白质三大营养物质。有机物在动物机体内代谢过程中逐步释放能量满足动物的各种需要。

水貂能量需求标准主要包括 NRC 的毛皮动物饲养标准（表 5-3）和 N. J. F. （1985）的毛皮动物饲养标准。前者是满足动物正常生长、繁殖、生产的最低需要量，不含安全系数；后者是实用标准，考虑了饲料化学组成差异、不同品种遗传差异以及气候和畜舍对需要量的影响。

表 5-3 水貂的日能量需求（MJ/d）

周龄	公貂	母貂
7	0.724	0.527
9	1.284	0.967
11	1.648	1.188
13	1.862	1.351
15	1.820	1.209
17	1.837	1.142
19	1.845	1.088
21	1.824	1.113
23	1.619	1.088
25	1.406	0.967
27	1.351	0.879
29	1.188	0.824
31	1.163	0.820

水貂在全年范围内每天每只每千克代谢体重维持需要能量为 0.84 MJ，妊娠期水貂推荐每天每只每千克代谢体重维持需要能量为 0.966 MJ，泌乳期能量推荐量是在哺乳期每天每只幼貂平均代谢能基础上以 10 d 为 1 期，每期逐渐增加量为 0.021 MJ、0.084 MJ、0.21 MJ、0.294～0.378 MJ 和 0.462～0.63 MJ，生长期断奶仔貂的所有能量需要必须要通过生长期日粮提供，需要量随着幼貂的快速生长迅速增加，尤其是在开始几周。NRC 推荐的生长期水貂日粮代谢能，公貂为 17.078 MJ/kg，母貂为 16.451 MJ/kg。国内推荐的水

貂日粮代谢能，生长前期为 16.80 MJ/kg，冬毛生长期为 16.380 MJ/kg。如果饲喂高能量饲料，需相应提高蛋白质和其他营养物质水平。

合适的能量对于繁殖期水貂非常重要，在水貂繁殖期饲喂过多的能量（1.5 MJ/d）会导致产仔死亡率增加、产仔数减少及仔貂体重过小。仔貂断奶时的体重是其成熟时体重的 1/5，仔貂断奶时体重与断奶后生长成正相关。仔貂出生时脂肪含量很少，断奶的前半期（24 d 之内）基本靠母乳获取营养。哺乳期高能量饲料对促进仔貂的生长及母貂的泌乳是必需的，但妊娠期饲料中的脂肪含量不能增加过多、过早，否则会对胎儿的发育产生不良影响，影响窝产仔数。明华黑色水貂繁殖期的能量需要及水貂体内营养物质的含量，参考表 5-4。

表 5-4　水貂繁殖期能量需要

能量 [MJ/(d·只)]	配种前期	妊娠期	分娩前期
产热能	0.54	0.628	0.582
代谢能	0.54	0.762	0.808
维持能	0.042	0.134	0.226

三、脂肪

脂肪是水貂重要的能量来源，也是其体组织的重要成分。有研究表明，日粮中添加一定数量的脂肪可以提高日粮蛋白质的消化率和改善饲料的转化效率。脂肪能促进碳水化合物、蛋白质和脂溶性维生素的吸收。

水貂日粮中脂肪供应不足时，不仅增加蛋白质的消耗，且易患脂溶性维生素缺乏症，以及引起体内不能转化合成的 3 种必需脂肪酸（亚油酸、亚麻酸、花生四烯酸）的缺乏等，造成繁殖力下降、死胎、缺乳、毛绒品质下降等。体脂贮存不足，则御寒力差，易导致死亡。水貂日粮中脂肪含量过高，可使食欲减退，造成营养不良，生长迟缓，毛绒品质低劣。在繁殖季节，水貂体脂贮积过多，造成体况过肥，可导致公貂配种能力下降，母貂发情延迟，甚至不发情，已配种的空怀、流产或难产，产后缺乳等不良后果。脂肪过多还可引起代谢机能发生障碍。脂肪代谢发生障碍是引起尿湿症的主要原因之一。脂肪在体内不能完全氧化，其酸性代谢物质随尿排出，这种情况下，尿呈酸性，能腐蚀尿道引起发炎。尿液可腐蚀毛皮，使毛皮质量下降。

在水貂的营养中，亚油酸、亚麻酸、花生四烯酸不能在机体内生成，必须从饲料中获得，它们对毛皮的生长和发育非常重要，被认为是必需脂肪酸。生产实践发现，在妊娠期用低脂日粮饲喂水貂，导致受胎率低，仔兽发育弱，产出大量死胎或胚胎明显吸收，以及母兽严重缺乳，这些现象可能都与必需脂肪酸不足有关。在毛绒生长期，供给充足的必需脂肪酸，能预防皮肤代谢紊乱，生产质量好的皮张。不同脂肪中脂肪酸的比例以及不同脂肪的消化率见表5-5、表5-6。

表5-5 不同脂肪中脂肪酸的比例（%）

脂肪酸	猪脂肪[1]	鸡油[1]	马脂肪[1]	谷物油[2]	豆油[3]	亚麻籽油[3]	毛鳞鱼油[3]	鲱鱼油[4]	麻哈鱼油[4]
14：0	1.7	1.0	5.8	0.0	—	—	7.1	6.0	5.5
16：0	28.6	23.0	30.2	10.6	10.7	5.0	11.9	14.4	16.4
16：1	2.6	5.6	6.6	0.1	0.2	—	10.2	5.7	7.6
18：0	17.8	7.3	5.6	1.8	3.7	4.9	1.3	2.2	3.7
18：1	35.7	40.1	27.0	27.3	24.8	20.2	13.4	14.7	17.9
18：2	8.4	20.9	10.4	53.2	53.7	16.0	1.4	1.8	3.3
18：3	0.7	1.1	10.2	1.2	7.2	52.5	0.7	0.7	0.9
18：4	—	—	—	—	—	—	3.9	1.2	1.7
20：1	1.9	1.0	0.05	0.1	—	—	12.8	12.7	7.2
20：4	—	0.3	1.4	—	—	—	0.5	0.9	2.0
20：5	☆	☆	☆	☆	☆	☆	9.9	6.0	7.5
22：1	☆	☆	☆	☆	☆	☆	3.4	—	—
22：5	☆	☆	☆	☆	☆	☆	0.8	0.9	2.6
22：6	☆	☆	☆	☆	☆	☆	9.4	8.0	9.9

注：1. Yu 和 Sinnhuber，1967；2. USDA，2007；3. Kekela 等，2001；4. Fleming，1999。☆ 表示文献没有提供。

表5-6 不同脂肪的消化率

脂肪类型	消化率（%）
非洲酪脂树油（未处理）	67.5
非洲酪脂树油（脱臭）	70.6
牛、羊腰板油	72.0
猪油渣	78.2

（续）

脂肪类型	消化率（%）
提取猪油	87.0
大豆卵磷脂	89.9
乳化的大豆卵磷脂	91.2
鱼油	93.1
大豆油	96.7

水貂对脂肪的利用率较高，通常达 95% 左右，脂肪种类不同消化率不同。含饱和脂肪酸多的脂肪不易消化吸收，因而利用率低；含不饱和脂肪酸较多的脂肪，容易消化吸收，利用率较高。日粮中脂肪的含量以 10～17 g 为宜，但不同地区、不同季节以及水貂不同时期对脂肪的需要量有很大差异。在准备配种期、配种期和妊娠期，脂肪在日粮中可占 11～13 g，哺乳期 13～17 g，幼貂养育期可维持 17 g 左右，毛绒生长期可降到 13～15 g，为了预防湿腹症，可降到 11 g 左右。研究认为水貂日粮适宜的脂肪水平为干物质含量的 7%～33%，碳水化合物为干物质含量的 6%～38%。水貂日粮脂肪代谢能约占60%。日粮中含有 1.5% 亚麻油二烯酸和 0.5% 亚麻酸，能有效预防必需脂肪酸缺乏。日粮中添加脂肪能提高日粮的能量水平，以防止机体分解蛋白质来满足能量需要，提高经济效益。

四、碳水化合物

碳水化合物是谷物饲料中的主要能量物质，是最主要、最经济的能量来源。水貂日粮合适的碳水化合物和脂肪水平能够降低蛋白质的消耗，碳水化合物的水解产物如单糖能够减少水貂的非必需氨基酸转化成糖异生的代谢。

水貂日粮中碳水化合物含量为 15～25 g。谷物饲料与脂肪的含量有直接关系，蛋白质一定时，脂肪含量高，谷物饲料就应减少，反之应增加。日粮中碳水化合物的供给量超过最高标准时，会发生蛋白质不足，引发幼貂的生长发育受阻，毛皮质量下降。水貂对纤维素的消化能力很弱，但日粮中纤维素含量为1%，对胃肠道的蠕动、食物的消化和幼貂的生长有良好的促进作用；增加到3% 会引起消化不良。有报道称妊娠期和哺乳期的水貂饲喂碳水化合物代谢能的比例高达 45% 时才能达到葡萄糖稳态，生长期和毛皮生长期碳水化合物代谢能的比例应为 15%～30%，妊娠期和哺乳期代谢能的比例应为 10%～20%。

五、矿物质

矿物质是保证水貂健康、生长、繁殖和提高产品质量所不可缺少的营养物质。矿物质的范围很广，包括常量元素和微量元素。常量元素需要量大，主要包括钙、磷、钾、钠、氯、镁、硫等；微量元素需要量很少，主要包括钴、硒、铜、锌、锰、碘、铁等。矿物质元素占水貂体重的 4.8%～5.6%，是水貂的重要无机营养素。矿物质对于维持水貂的正常生命活动具有重要的生理作用。矿物质参与机体的各种生命活动，形成体细胞和组织（如骨骼和牙齿）；维持血液和体液的渗透压平衡，保证细胞营养；维持机体正常代谢；维持肌肉和神经的功能发挥；活化酶和激素等。

矿物质元素广泛存在于动物性饲料和植物性饲料中。水貂不同生长阶段对矿物质元素需要量存在差异，维持水貂有机体正常营养所必需的矿物质需要额外补充。水貂对许多矿物质具有耐受量，日粮中矿物质过量会造成水貂中毒，甚至死亡；矿物质缺乏会引起动物食欲减退，产生相应的矿物质缺乏症或者代谢疾病，造成生产性能下降，严重的也可导致死亡。水貂日粮中矿物质的含量和利用率能直接影响其皮毛的质量，特别是 Ca、Mg、Cu、Zn 和 Fe。

1. **钙、磷**　是水貂体内含量最多的矿物质元素，对维持水貂的正常生长发育具有重要作用。钙和磷是机体所必需的元素，对妊娠、泌乳母貂和生长中的幼貂尤为重要。水貂体内灰分中钙和磷占 65%～70%，钙和磷占机体内矿物质的 70% 以上。

日粮中钙、磷的含量过量或不足都会引起不良后果，适宜的钙、磷含量与钙、磷比例可促进水貂骨骼的生长及生命活动的正常进行。水貂钙、磷绝对缺乏比较少见，磷过多引起钙的相对缺乏较为常见。钙、磷比例过度失调，可引起毛绒粗糙、脆弱、无光泽及食欲减退等。在繁殖季节，钙、磷量不足易造成胚胎吸收，仔貂生命力弱，母貂产后缺乳、瘫痪，消化机能障碍和性机能减退等。钙、磷含量过高会影响钙、磷的吸收、沉积及影响其他矿物质元素（尤其是微量元素）的吸收与利用。

每只水貂日需钙、磷 0.5～2 g，NRC 推荐日粮钙、磷比为（1～1.7）∶1。饲料中钙和磷主要在小肠上段被吸收。钙吸收途径有两种，一种是由钙结合蛋白参与的主动吸收，另一种是旁细胞吸收。磷可分为无机磷与有机磷两种，有机磷需要水解才能被动物吸收，无机磷主要以主动运输和异化扩散两种形式被小肠吸收。钙、磷的吸收受钙磷比影响。钙过多，饲料中更多的磷酸根与钙结合而沉淀，会降低钙、磷的吸收率。适量的维生素 D 有利于钙、磷吸收。饲料中脂肪含量过高，会妨碍钙的吸收。

2. 钠和氯　主要存在于水貂细胞外液中，维持体内酸碱平衡以及细胞和血液之间的渗透压，调节肌肉和神经活动，保证体内水分的正常代谢和各器官系统的正常生理机能。氯参与胃酸的形成，日粮中缺乏食盐，胃酸分泌减少，影响胃的消化能力，导致水貂食欲减退、发育迟缓、体重下降和精神萎靡，降低繁殖力。肾脏可以排除多余的氯和钠，以调节机体的氯和钠水平。没有充足的饮水，水貂食入大量食盐会发生食盐中毒。

动物性饲料含钠较多，植物性饲料含钠较少。每天每只水貂应供给食盐 0.5～0.7 g，哺乳期增加到 1 g。在湿料中添加 0.5％的食盐或干日粮中添加 1.3％～1.5％食盐能够满足妊娠和哺乳母貂的需要，其他生长时期的水貂对食盐的需要量更低。

水貂食盐中毒与饮水有密切关系。据报道，每天每千克体重添加食盐 1.8～2.0 g，在笼中缺少饮水的情况下，第一天死亡 20％，若每天每千克体重添加食盐 2.7 g，死亡率就会达到 80％，但在有自动饮水设备的笼舍中，甚至每天每千克体重添加食盐 4.5 g，也不会出现中毒现象。

3. 钾　多以磷酸钾的形式存在于肌肉、红细胞、肝脏及脑组织中，是细胞的组成成分，具有维持水貂细胞内渗透压和调节酸碱平衡的作用，对肌肉组织的兴奋性及红细胞的发生有特殊的生理功能。钾盐能促进新陈代谢，有助于消化。缺钾会导致水貂肌肉发育不良，容易引起幼貂生长发育受阻；成年貂食欲减退、心肌活动失调；母貂发情紊乱，不易受孕。钾盐广泛存在于动植物饲料中，在正常饲养条件下，水貂不容易发生缺钾症，日粮中钾含量达 0.3％时可满足需要。

4. 镁　在动物体内分布广，机体内约 70％的镁以磷酸镁的形式存在于牙齿及骨骼中。镁有助于骨骼形成，与钙、磷代谢关系密切，摄取过多时影响钙、磷的结合。日粮中镁含量不足，可引起水貂生长停滞、神经失常、痉挛、皮肤病，毛皮粗劣。在日粮中补充添加镁和减少食盐添加量有助于水貂停止食毛。种貂和生长期水貂日粮中镁含量为 400～600 mg/kg，可满足水貂正常生长需要。

5. 硫　是含硫氨基酸（蛋氨酸、胱氨酸）的主要组成元素。水貂毛绒含硫5％～7％，多以胱氨酸形式存在，硫对水貂毛皮的生长有着重要作用。日粮中无机硫和含硫氨基酸在体内释放硫，用于合成软骨素基质、胱氨酸等有机成分，通过这些有机成分的代谢起作用。水貂通常不会缺硫元素，但日粮中含硫蛋白质长期供给不足，可使毛绒品质下降，在毛绒生长期尤其应注意硫的供应。日粮中钼或铜的水平过高会干扰硫的代谢，高铜日粮会增加对含硫氨基酸的需要量；相反，增加含硫氨基酸可以减弱高铜的毒性。

6. 铁 是血红蛋白的重要构成元素，水貂机体内铁有60％～70％存在于血红蛋白和肌红蛋白中，20％左右的铁与蛋白质结合成铁蛋白，存在于肝脏、脾和骨髓中，其余存在于含铁的酶类中。铁的吸收受体内铁储量的调控，一般利用率只有30％。足量的铁是机体生长发育与代谢不可缺少的基本条件，缺铁可导致营养性贫血，影响机体的免疫功能和生长发育，母貂乳中缺铁，可引起幼貂贫血症。水貂日粮中，肝脏、血、肺、豆饼、蔬菜等饲料含铁丰富，一般情况下水貂不会发生缺铁现象。日粮中经常适量搭配鲜血，可防止缺铁，提高毛皮质量。水貂每千克日粮中铁含量为50～100 mg可满足需要。

7. 铜 在水貂机体内分布较广，多存于水貂的肝脏、心脏、骨骼、皮肤和体液中，对机体的作用非常广泛。铜能参与机体造血机能，是合成血红蛋白的催化剂的重要元素之一，能促进铁和蛋白质的结合而形成血红蛋白；铜可维持骨组织的正常生长发育，还参与毛皮动物色素沉着。缺铜容易导致被毛色泽减退甚至脱色，脱毛，发生皮炎，毛绒品质下降，高水平铜会使毛皮颜色变暗。

铜在水貂消化道各段都有吸收，主要吸收部位在小肠，铜的吸收与饲料中的有机酸及其他微量元素离子的含量有关，饲料中的铜大部分很难被吸收。铜的吸收分两部分：一部分由肠道黏膜细胞进入血液，肠道黏膜吸收铜后，部分迅速进入血液循环运送到肝脏及全身。另有一部分则与血浆铜蓝蛋白结合，少量与白蛋白和氨基酸结合。铜的主要排泄途径是通过肝脏分泌胆汁并以粪便代谢，还有少部分通过肾脏过滤成尿液代谢。

饲料原料中铜不能满足水貂的正常生理需求，NRC推荐水貂日粮中铜含量为4.5～6.0 mg/kg。铜属于重金属，对蛋白质有较强的凝固作用。过高剂量铜易引起动物消化道正常菌群失衡，造成下痢和B族维生素的缺乏。

8. 锌 广泛分布于水貂骨骼、肝脏、皮、毛中。锌通过与体内的酶结合参与蛋白质、脂肪及碳水化合物的代谢，可促进动物新陈代谢和生长发育。在日粮中添加适宜水平的锌能增加水貂平均日增重；对被毛的健康生长有促进作用；可促进水貂毛皮的生长成熟；有利于提高毛皮质量。

锌是影响动物繁殖性能的一种重要微量元素，被称为"生命元素"，是雄性动物正常精子生长发育的必需元素，加锌可显著提高精液品质；母貂血浆中蛋白结合锌是乳中锌的来源；锌可通过胎盘转移到胎儿体内。体内缺锌可导致水貂食欲减退，采食能力大大降低，饲料利用率下降，生长速度降低，公仔貂性腺发育成熟时间延长；缺锌可使怀孕母貂早产，仔貂初生重下降、胎儿成活率下降；缺锌还可导致水貂上皮细胞角质化，被毛不洁、失去光泽及弹性，甚至皮炎、脱毛。

锌在十二指肠和小肠吸收，主要吸收部位在小肠上部。锌与血浆清蛋白结合，通过血液循环运送到全身各个组织和器官。锌在不同器官代谢周转速度不同，肝脏是锌代谢的主要器官，代谢速度较快，骨骼和神经系统代谢速度较慢，毛发中的锌基本上不分解代谢。锌的主要排泄途径是通过肝脏分泌胆汁并从粪便排出，还有少部分通过肾脏过滤成尿液代谢。水貂可以通过肠道的吸收与排泄作用有效地维持体内锌的平衡。

合理的锌摄入量可保证水貂机体组织器官处于最佳状态，增强免疫系统，增加抵御疾病的能力。水貂一般不缺乏锌，但饲料中锌的吸收率很低，需要添加适宜的锌满足需要。NRC推荐水貂日粮中锌含量为 59~66 mg/kg。

9. 锰 是动物有机体内许多酶的激活剂，能影响碳水化合物、脂肪和氮的代谢，对动物生长发育、钙磷沉积、成骨作用和繁殖有直接影响。机体缺锰，水貂生长受到抑制，被毛蓬乱，死亡率升高；可造成骨化障碍、骨骼变形、跛行，产生弯腿或腿变短粗，骨脆易折；成年水貂缺锰可导致性机能减退。日粮中锰过多会抑制幼貂血红蛋白的形成。日粮中补充锰盐，可明显促进仔貂生长和骨骼的形成。日粮中锰含量为 40~50 mg/kg 可满足水貂需要。

10. 钴 动物有机体中，几乎全身都含有钴，肝脏、肾、脾中含量较多。钴主要通过参与构成维生素 B_{12} 发挥其生理生化功能；钴是血红蛋白和红细胞生成过程不可缺少的元素，对骨骼的造血机能有直接作用，可以治疗多种贫血。缺钴时，水貂厌食、营养不良、发育迟缓、恶性贫血、性机能失调，母貂流产等。肝是贮存钴的场所，鱼和谷物性饲料中都含有钴。水貂日粮中动物性成分比例较大，一般不会缺钴。日粮中钴添加剂的需要量为氯化钴 0.5 mg/只。

11. 碘 动物的所有组织和体液都含有碘，碘主要集中在甲状腺中。碘主要通过形成甲状腺激素来发挥作用。碘参与调节水貂机体新陈代谢、毛绒脱换、性机能等。日粮中缺碘，水貂代谢机能减弱，生长发育受阻，抗病能力降低，死亡率升高，繁殖力下降及毛绒脱落等。饲料中以鱼粉、海鱼、海带、蔬菜中含碘最多，一般不会发生缺碘现象。

12. 硒 硒是动物体内谷胱甘肽过氧化物酶的必需成分，机体所有组织和细胞中均含有硒。硒在机体内具有抗氧化、参与机体免疫、影响基础代谢和内分泌等功能。日粮中添加适量的硒能明显提高皮毛品质。机体缺硒会严重影响母貂繁殖性能，导致母貂发情周期紊乱，受胎率降低，初生仔貂虚弱多病。补充适量的有机硒能改善动物的繁殖性能。硒具有毒性，日粮中添加过量会影响水貂的生产性能，严重者还可导致中毒。水貂日粮中硒的营养需要量推荐值为0.1 mg/kg。

不同饲养时期水貂矿物质元素的添加量见表5-7。

表5-7 不同饲养时期水貂矿物质元素的添加量

生物学时期	P（g）	Na（g）	K（g）	Fe（mg）	Cu（mg）	Zn（mg）	Mn（mg）	Se（mg）
准备配种期	3.9~4.1	1.0~1.2	2.1~2.3	50~55	45~60	100	15~18	0.3~0.5
妊娠期	3.7~4.0	0.8~1.0	1.8~2.0	48~54	40~50	50	15~18	0.3~0.5
哺乳期	4.0~4.3	1.9~2.2	2.3~2.5	70~75	40~50	50	15~18	0.3~0.5
育成期	4.5~5.0	1.4~1.6	2.0~2.2	80~90	35~40	40~45	18~22	0.3~0.5
冬毛生长期	3.5~3.8	0.8~1.0	1.8~2.0	45~50	40~55	30~45	15~18	0.3~0.5

六、维生素

维生素是一类动物代谢所必需而需要量极少的小分子有机化合物。是正常组织健康生长、发育和维持所必需的物质，体内一般不能合成，必须由日粮提供，或者由日粮提供其先体物。

维生素可分为脂溶性维生素和水溶性维生素两大类。脂溶性维生素主要包括维生素A、维生素D、维生素E和维生素K，这类维生素可以与脂肪一起吸收，有利于脂肪吸收的条件也有利于脂溶性维生素的吸收，脂溶性维生素在体内有一定量的储存。水溶性维生素主要包括B族维生素和维生素C。除维生素B_{12}外，其他水溶性维生素并不在体内储存。水貂肠道中合成维生素的量不能满足自身需要，需从饲料中获得必需的维生素。

1. 维生素 A　在维持动物正常生命活动和充分发挥其生产潜力方面具有重要的作用。维生素 A 可增加机体对传染病的抵抗能力，促进生长，刺激食欲，有助于繁殖和泌乳。水貂能在体内积蓄维生素 A，并逐渐地进行消耗，除以鱼类为主要日粮的饲养场以外，应常年供给维生素 A。水貂日粮只要有 5%～10% 的动物肝脏，维生素 A 的需求就可以得到保证。在 2～3 个月时间内饲喂大剂量的维生素 A（每千克体重 2 万 IU 以上）会引起维生素 A 过多症。在繁殖期饲喂大剂量的维生素 A，会使水貂的繁殖能力下降。在幼貂生长期应供给较多的维生素 A，每千克体重日需 450～500 IU；水貂繁殖期每千克体重日需 1 000～1 500 IU；水貂每克肝组织中维生素 A 的含量只要达到 150～250 IU 就可以充分满足需要。

2. 维生素 D　动物体内缺少维生素 D 会出现软骨病，还会严重影响繁殖机能。通常只有长期饲用不含骨质和其他钙磷来源的饲料，水貂才有可能发生佝偻病和其他维生素 D 缺乏症状。水貂可以按每天每千克体重饲喂维生素 D 45～50 IU。大剂量（每千克体重 10 000 IU 以上）饲喂维生素 D 2～3 周后，会引起食欲丧失、呕吐、体重降低、消化紊乱、骨骼矿物质排出过多和组织灰化的维生素 D 过多症。

3. 维生素 E　耐热、耐酸，对光、氧、碱敏感，在新鲜脂肪、小麦芽、豆油、蛋黄、肝脏、牛肉、马肉中含量较丰富。维生素 E 有抗氧化作用，能防止不饱和脂肪酸氧化，是水貂正常繁殖所必需的。缺乏维生素 E 的主要症状是母貂虽能怀孕但胎儿很快就死亡并被吸收；公貂精液品质下降，精子活力减退，数量减少，乃至消失。维生素 E 缺乏可在饲料中添加亚硒酸钠加以预防，推荐量为每千克干饲料添加亚硒酸钠 0.11 mg。日粮中不饱和脂肪过多或饲料不新鲜，维生素 E 作为抗氧化剂时，一般每千克体重供给 5～6 mg 为宜；脂肪含量适中补加维生素 E 2 mg，脂肪含量高补加维生素 E 5 mg，可获得理想效果。

4. 维生素 K　生理功能主要是维持动物凝血正常，又称作凝血维生素和抗出血维生素，主要有维生素 K_1、维生素 K_2、维生素 K_3 三种形式。水貂维生素 K 缺乏症比较少见，在肠道机能紊乱、患肝炎和肝脏其他疾病，或长期使用抗生素抑制肠道中微生物时偶有发生。产仔前最好在母貂饲料中饲喂 2 次维生素 K_3，每次剂量为每只母貂 1～2 mg。大剂量饲喂维生素 K_3（每千克体重 6 mg 以上）会引起水貂中毒。

5. B 族维生素　属于水溶性维生素，主要包括维生素 B_1（硫胺素）、维生素 B_2（核黄素）、维生素 B_6（吡哆醇、吡哆醛和吡哆胺）、维生素 B_{12}（钴胺素）、烟酸、泛酸、叶酸和胆碱等。

维生素 B_1 在酵母、肝脏、豆类中含量丰富，饲料中含有充足的硫胺素，但有颉颃物存在时，缺乏现象常有发生。水貂自身不能合成维生素 B_1，完全靠日粮增加满足需要。幼貂生长期饲喂的精饲料中，每千克干物质应含有盐酸硫胺素 1.2 mg；成年水貂每千克体重日需要量为 2～5 mg。用含有硫胺素酶的生鱼饲喂水貂会破坏饲料中的硫胺素。硫胺素酶对热不稳定，可通过加热的方法清除生鱼中的硫胺素酶。

维生素 B_2 是黄素蛋白的成分，参与能量、蛋白质代谢以及脂肪酸的合成与分解。饲料中缺乏维生素 B_2，将导致日粮中蛋白质和氨基酸利用率低下，影响动物繁殖机能。维生素 B_2 参与体温调解，冬季维生素 B_2 的需要量提高，缺乏时表现皮肤被毛脱色和生长缓慢，甚至肌肉痉挛无力。发生维生素 B_2 缺乏症，可能是由于饲料中鱼粉用量过高或脂肪含量过高所致。为防止维生素 B_2 不足，建议在每千克水貂饲料中添加维生素 B_2 1.5 mg。

维生素 B_6 包括吡哆醇、吡哆醛和吡哆胺，三者在动物体内的生物活性相同，主要参与蛋白质、脂肪和碳水化合物的代谢。日粮中含有足够的维生素 B_6，一般不出现缺乏症，但日粮中含有维生素 B_6 颉颃剂（如维生素 B_6 结构类似物、羟胺、氨基脲、巯基化合物、可食香菇中的香菇酸、亚麻中亚麻素等）时，会导致维生素 B_6 缺乏。用煮熟的鱼类及其副产品多而酵母少的饲料饲喂水貂，常发生维生素 B_6 缺乏症。水貂需要维生素 B_6 的剂量为每千克干饲料中 10～15 mg。维生素 B_6 毒性很小，很稳定，可在每千克水貂干饲料中添加 11 mg 维生素 B_6。

维生素 B_{12} 是含钴维生素，具有调节造血机能、防止发生恶性贫血的作用。水貂缺少维生素 B_{12}，多为肠道吸收能力受到破坏，水貂肠道中微生物不能合成足够的维生素 B_{12} 来满足需要，需要从饲料中获得维生素 B_{12}。水貂日粮中维生素 B_{12} 含量相当多，不需要另外补给。只在发生各种肝病、慢性胃肠病、营养不良、幼貂生长停滞以及肉、鱼供给量不足时，才有可能造成维生素 B_{12} 缺乏症。

生物素在脱羧化和脱氨过程中起辅酶的作用，主要参与蛋白质、脂肪和碳水化合物的代谢。生物素缺乏症状为，深色水貂变成灰色，毛皮呈现条纹状。

碎肉中含有生蛋（卵）也会导致生物素缺乏症的发生，生蛋中含有抗生物素蛋白，可与饲料中的生物素结合，使生物素不能被吸收利用。碎肉加热能使抗生物素蛋白失活，避免发生生物素缺乏。若饲喂生蛋清占蛋白质总量的30%，可发生生物素缺乏症。

泛酸是辅酶A的组成部分，辅酶A在蛋白质、脂肪和碳水化合物代谢中起关键作用。饲料中有充足的泛酸，泛酸不足会导致动物代谢紊乱，主要表现为被毛褪色、皮肤脱屑及神经症状。水貂泛酸不足的主要原因是长期饲喂干饲料及煮过的动物性饲料，长期饲喂氧化变质的脂肪或酵母供给量减少所致。饲料中脂肪量增加，泛酸的需要量也要增加。

胆碱不同于其他B族维生素，可以在肝脏中合成，机体对胆碱的需求量较大。胆碱是磷脂的组成成分，主要功能包括参与细胞的构成；促进肝脏脂肪转化，防止发生脂肪肝；作为乙酰胆碱的组成部分参与传导神经冲动。动物可以合成大量的胆碱，但合成的胆碱不能完全满足机体的需要，特别是日粮蛋氨酸含量少而劣质蛋白含量多时，水貂饲料中应经常添加胆碱。

6. 维生素C 又称抗坏血酸，主要参与细胞间质的生成和氧化还原反应，促进肠道对铁的吸收，具有解毒和抗氧化作用，能维持牙齿、骨骼的正常功能，增强机体对疾病的抵抗力，促进伤口愈合。维生素C广泛存在于蔬菜和水果中，有很强的还原性，易被热、碱、日光、氧化剂所破坏，在酸性环境中较为稳定。日粮中有新鲜蔬菜时，基本能满足水貂对维生素C的需要。在日粮中补充维生素C是非常有益的，建议添加量每天每只20～30 mg。妊娠前期日粮中缺蔬菜时，每天每只按10～20 mg供给维生素C，到中、后期增加到25～30 mg。水貂不同生长阶段日粮中主要维生素的添加量见表5-8。

表5-8 每天每只水貂主要维生素的添加量

生物学时期	时间	维生素A (IU)	维生素D (IU)	维生素E (mg)	维生素B₁ (mg)	维生素B₂ (mg)	维生素C (mg)
准备配种	12月至翌年2月	500～800	50～60	2～2.5	0.5～1.0	0.2～0.3	—
配种	3月	500～800	50～60	2～2.5	0.5～1.0	0.2～0.3	—
妊娠	4月	800～1 000	80～100	2～5	1.0～2.0	0.4～0.5	10～25
哺乳	5～6月	1 000～1 500	100～150	3～5	1.0～2.0	0.4～0.5	10～25
育成	7～8月	300～400	30～40	2～5	0.5	0.5	
冬毛生长	9—11月	300～400	30～40	—	0.5	0.5	

七、水

水是生物最重要的营养元素，是生物体最重要的组成部分。水貂一天没有水会拒绝采食，情绪低落、沮丧、闭眼，有的出现狂躁，有时会出现肌肉抽搐。水和盐是饲料中必不可少的成分。水貂不同于其他家养动物，获取水最重要的来源为饲料水，其次为代谢水，再次才是饮用水。成年水貂获取水的比例为饲料水占 66％，饮用水占 14％和代谢水占 20％。水貂饮用水最好采用深井水、自来水、泉水。为了保证水貂充足的饮用水，貂场最好配备与自来水相连的自动喂水系统，没有配备自动喂水系统的貂场，要做到每天 2 次检查水貂饮用水是否充足。可以通过观察水貂排出尿液的量来调节饮水量。

第二节　明华黑色水貂常用饲料与日粮

一、常用动物性饲料及饲喂方法

水貂常用动物性饲料主要包括水产品类、肉类、鱼和肉类副产品、干性动物饲料、乳及蛋类饲料等。

1. **鱼类饲料**　是水貂动物性蛋白质的主要来源之一。我国沿海地区、内陆江河流域和湖泊水库，每年出产大量的小杂鱼，都可以用来养貂。鱼的种类很多，常用海鱼种类有 33 种。在海鱼和淡水鱼中，除毒鱼外，绝大部分可作为水貂饲料。鱼的营养成分，依其种类、大小、年龄、捕获季节以及产地等条件而有很大差异。每 100 g 海杂鱼的可消化蛋白质为 10～15 g。搭配和利用合理，单一用鱼类作为动物性饲料也可把水貂养好。常用的海杂鱼主要包括比目鱼、小黄花鱼、黄姑鱼、红娘鱼、银鱼（面条鱼）、真鲷。

新鲜的海杂鱼全部可以生喂，水貂对其蛋白质的消化率高达 87％～92％，容易被吸收，适口性好。轻度腐败变质的海杂鱼，需要蒸煮消毒后熟喂，消化率约降低 5％。严重腐败变质的鱼不能用来饲喂水貂，以免中毒。有些鱼的体表，带有较多的蛋白黏液，可以先用 2.5％食盐搅拌，然后用清水洗净，或者用热水浸烫，去掉黏液之后饲喂，能明显提高适口性。

大多数淡水鱼（特别是鲤科鱼类）含有硫胺素酶，对维生素 B_1 有破坏作用。生喂淡水鱼，常引起维生素 B_1 缺乏症。用淡水鱼养貂，应经过蒸煮处理后熟喂，高温可以消除硫胺素酶的破坏作用。

鱼类饲料含有大量的不饱和脂肪酸,在运输、贮存和加工过程中,极易氧化变质,变成腐败的脂肪。腐败的脂肪对水貂有毒害作用,能引起妊娠母貂死胎、烂胎和胚胎被大量吸收;饲喂 2～4 月龄的幼貂,会发生黄脂肪病。腐败的脂肪可破坏饲料中的维生素等营养物质。在鱼类饲料中加入 2% 的腐败脂肪,贮存 14 d 后,可破坏 50% 维生素,到 42 d 则维生素 100% 被破坏。质量好的鱼,捕捞后应立即放在 0～5 ℃ 的条件下运输,在 -20 ℃ 以下的冷库中速冻,再放在 -18 ℃ 左右的条件下贮存。经该法处理,含脂肪低的鱼可贮存 1年,含脂肪高的鱼可贮存半年。鱼类贮存时间越长,脂肪腐败就越严重。常见鱼类的营养成分见表 5-9。

表 5-9　常见鱼类的营养成分 (风干基础,%)

原料	水分	干物质	粗脂肪	粗蛋白	粗灰分	钙	总磷
鲅鳒	82.41	17.59	8.21	63.59	21.14	12.70	7.48
鲅	61.41	38.59	45.44	37.24	6.48	1.61	1.09
白姑鱼	72.14	27.86	18.66	63.63	11.98	4.95	2.98
牙鲆	75.1	24.9	12.93	56.68	13.35	4.73	0.34
鲳	75.12	24.88	24.36	59.88	8.77	1.33	1.28
大黄花鱼	77.66	22.34	7.52	62.31	13.85	3.75	1.73
带鱼	75.28	24.72	18.81	65.97	8.89	3.87	1.51
海鲇	70.91	29.09	23.15	48.92	10.52	3.67	1.98
海杂鱼	80.81	19.19	4.92	59.87	10.97	4.88	2.96
红娘鱼	83.98	16.02	8.03	68.15	17.23	3.27	2.86
黄姑鱼	75.15	24.85	19.80	65.30	10.30	2.78	1.34
马口鱼	69.50	30.50	10.37	52.13	11.80	7.87	3.28
鲭	60.31	39.69	31.98	53.80	9.33	0.15	1.59
沙蚕	86.49	13.51	16.07	55.51	6.00	0.29	1.22
虾蛄	79.80	20.20	1.07	39.16	18.19		4.77
虾虎鱼	77.96	22.03	6.35	60.96	11.04	2.22	1.24
小黄花鱼	78.96	21.04	6.50	59.01	9.69	2.63	1.28

2. 肉类饲料　是水貂的全价蛋白质饲料,含有水貂机体需要的全部必需氨基酸,还含有脂肪、维生素和无机盐等营养成分。

牛、羊、马、驴、骡、兔、野生动物和禽的肌肉以及畜禽屠宰加工厂废弃的碎肉等，脂肪含量较少，可消化蛋白质含量高，均是水貂优质的动物性饲料。生喂新鲜而健康的动物肉，其消化率高（生马肉为 91.3%），适口性强。

肉类饲料成本高，来源有限，应合理搭配使用。在母貂妊娠期、哺乳期、幼貂生长发育期可适当增加肉类比例，以弥补其他饲料中某些必需氨基酸的不足。日粮中动物性饲料的搭配比例：肉类占 10%～20%，肉类副产品占 20%～30%，鱼类占 40%～50%。常见肉类的营养成分见表 5-10。

表 5-10　常见肉类的营养成分（风干基础，%）

原料	水分	干物质	粗脂肪	粗蛋白	粗灰分	钙	总磷
狐狸肉	68.60	31.40	15.88	66.33	9.28	2.55	1.54
鸡肉	72.80	27.20	11.86	47.98	2.72	1.00	0.49
鸡碎肉	73.80	26.20	10.47	45.42	12.59	7.63	3.44
鸡胸脯	66.54	33.46	8.78	55.80	2.60	0.50	0.82
牛肉	73.18	26.82	19.29	68.01	0.77	0.18	0.15

在水貂繁殖期，严禁利用己烯雌酚（雌激素）处理过的畜禽肉。雌激素将造成母貂生殖机能紊乱，使受胎率和产仔数明显降低，严重时尽管全群受配，但依然不孕。

3. **鱼、肉副产品饲料**　是水貂动物性蛋白质来源的一部分，除了肝脏、肾脏、心脏外，大多数副产品的消化率和生物学价值较低。新鲜海鱼头、鱼骨架可生喂，可占繁殖期日粮中动物性蛋白质的 20% 左右，幼貂生长期和冬毛生长期可增加到 40%，都应与质量好的海杂鱼和肉类搭配。新鲜程度较差的鱼类副产品应该熟喂，内脏保鲜困难，也应该熟喂。肉类副产品包括头、蹄、骨架、内脏和血液等是广泛应用的饲料原料。通常肉类副产品占水貂日粮动物性饲料的 40%～50%，其余的 50%～60% 配以小杂鱼、肌肉和其他动物性饲料，这样的日粮配制对幼貂的生长、毛皮质量和种貂繁殖性能具有良好的效果。

（1）**肝脏**　是全价蛋白质饲料，具有很高的营养价值，除含有全部必需氨基酸外，还含有多种维生素（维生素 A、维生素 D、维生素 E、维生素 B_1、维生素 B_2 等）和微量元素（铁、铜、钴等）。在水貂繁殖期（妊娠期和哺乳期），日粮中新鲜肝脏占 5%～10%（每天每只饲喂 15～30 g）时，能显著提高日粮适口性和营养价值。新鲜肝脏（摘除胆囊）可生喂，来源不明或品质较差的肝脏应熟喂。肝脏的饲喂量过大会引起腹泻，最多每天每只不要超过 50 g。

（2）心脏和肾脏　蛋白质和维生素的含量十分丰富，适口性好，消化率高。新鲜心脏和肾脏应生喂，多在繁殖期饲喂。

（3）胃　蛋白质不全价、生物学价值较低，必须与肉类或鱼类饲料搭配。在繁殖期，各种动物的胃可占日粮中动物性饲料20%～30%，幼貂生长发育期占30%～40%。如果日粮中胃占比过大，或其他肉类和鱼类饲料占比过低，对繁殖或生长发育将产生不良影响。新鲜的牛、羊胃可生喂，猪、兔胃须熟喂。

（4）肺、肠、脾　营养价值不高，蛋白质不全价，结缔组织多，消化率低，常带病原菌和寄生虫，必须煮熟饲喂，并与鱼、肉类饲料搭配。在繁殖期，肺、肠、脾用量可占日粮中动物性饲料的15%，育成期占15%～30%，用量过多会引起消化不良或呕吐。

（5）子宫、胎盘和胎儿　可饲喂幼貂，不可饲喂繁殖期母貂（因含有某些种类的激素），以免造成生殖机能紊乱。

（6）食道、喉头和气管　食道又称为红肠，营养价值高，是全价的蛋白质饲料，与肌肉无明显区别。在水貂妊娠期、哺乳期生喂，用量占动物性饲料的30%左右，能提高母貂食欲和泌乳能力，使仔貂发育健壮。喉头和气管是较好的蛋白质饲料，在幼貂生长发育期，可以20%～25%的比例与鱼、肉类饲料搭配使用。喉头和气管应熟喂，熟制前必须摘除附着的甲状腺和甲状旁腺。

（7）兔头、兔骨架　营养价值较高，钙、磷含量丰富，是水貂繁殖期及幼貂生长期的优良鲜碎骨饲料。繁殖期用量可占日粮中动物性饲料的15%～25%，育成期占30%～50%。蒸熟软化后绞碎饲喂。

（8）脑　含有丰富的脑磷脂和各种必需氨基酸，对水貂生殖器官发育有良好的促进作用。一般在配种准备期少量使用，每只种貂3～5 g/d。

（9）血　含有丰富的含硫氨基酸和无机盐，有利于冬毛生长和提高毛皮质量。新鲜健康的动物血（采血5 h以内）可以生喂，猪血、兔血以及血粉容易带致病细菌，必须经过高温处理后熟喂。繁殖期用量占日粮中动物性饲料的10%～15%，育成期和冬毛生长期可占20%。血有轻泻作用，饲喂量过多会引起下痢。

（10）家禽下杂　鸡、鸭、鹅的头骨架以及爪、翅等都可以用来饲喂水貂。禽骨架和爪不易消化，应熟制后绞碎喂，一般用量不超过日粮中动物性饲料的20%～30%。水貂育成期和冬毛生长期，鸡下杂和鸡内脏可多利用，可占动物性饲料的60%～70%（头30%、内脏20%、爪10%）；鱼或肉20%～30%；

肝脏 10%。

常见鱼、肉副产品的营养成分见表 5-11。

表 5-11　常见鱼、肉副产品的营养成分（风干基础，%）

原料	水分	干物质	粗脂肪	粗蛋白	粗灰分	钙	总磷
牙鲆排	71.62	28.38	14.47	42.06	26.04	9.68	4.44
碟鱼排	68.99	31.01	17.16	50.47	24.35	8.88	3.99
明太鱼排	75.20	24.80	13.46	56.01	24.78	8.21	3.64
大麻哈鱼排	72.18	27.82	24.85	42.01	24.04	7.81	3.9
小黄花鱼头	70.49	29.51	21.07	53.21	21.46	7.23	2.86
鸡肠	67.37	32.63	56.92	29.04	3.02	0.47	0.30
鸡肝	66.78	33.22	22.25	53.75	4.49	0.50	0.91
鸭肝	71.59	28.41	17.57	57.43	5.12	0.49	0.39
牛肝	69.15	30.86	20.27	63.64	4.05	0.16	0.49
鸡杂	69.44	30.57	27.65	49.72	13.95	3.60	1.92
毛蛋	63.98	36.02	13.90	53.89	8.11	5.55	1.39
牛胎	84.50	15.50	17.42	65.81	15.48	7.48	3.29
鸡骨架	62.02	37.98	16.21	34.69	21.70	13.13	7.31
鸭骨架	60.74	39.26	19.26	41.57	22.56	15.56	7.63
猪骨泥	58.70	41.30	16.45	43.92	16.65	10.34	5.63

4. **动物性干饲料**　常用的动物性干饲料有鱼粉、干鱼、肝渣粉、血粉、蚕蛹干和羽毛粉。

（1）**鱼粉**　含蛋白质 40%～60%，盐 2.5%～4%。用新鲜优质的鱼粉饲喂水貂，在日粮中占动物性蛋白质 20%～25%，幼貂采食、消化及生长发育均较正常。非繁殖期的水貂日粮中，鱼粉可占动物性蛋白质 40%～45%，其余由牛内脏、羊内脏和鱼类等饲料搭配。鱼粉含盐量高，使用前必须用清水彻底浸泡，浸泡期间换水 2～3 次。鱼粉满足以下条件才适合饲喂水貂：粗蛋白不少于 73%，粗脂肪不大于 10%，水分 6%～8%，灰分不大于 13%，每 100 g 鱼粉含挥发性碱性总氮 120 mg，游离脂肪酸占粗脂肪的 10% 左右。

（2）**干鱼**　优质干鱼可占日粮中动物性饲料的 70%～75%，不能完全用干鱼代替。以干鱼代替日粮中全部动物性饲料，会引起种公貂性欲下降，精液品质不良，显著增加母貂空怀率。鲜鱼晒制过程某些必需氨基酸、必需脂肪酸和维生素遭到破坏，在水貂繁殖期使用干鱼，必须搭配全价蛋白质饲料（鲜肉、蛋或奶、猪肝等），搭配量应不低于日粮中动物性饲料 25％。水貂育成期和冬毛生长期饲喂干鱼，必须添加植物油，以弥补干鱼脂肪的不足。

（3）血粉 质量好的血粉可用作水貂饲料。在水貂育成期和冬毛生长期，日粮中血粉占动物性饲料 20％～25％，与海杂鱼、肉类副产品或兔头、兔骨架搭配，对水貂的生长发育、毛皮质量都无不良影响；但其含量提高到 30％～40％，会引起水貂消化不良。血粉需经过煮沸处理后方可使用。

（4）肝渣粉 是肝脏提取药物后的残渣，可作为蛋白质饲料。繁殖期可占动物性饲料 8％～10％，水貂育成期和冬毛生长期可占 20％～25％。饲喂量过多，易引起水貂腹泻。使用前先用水浸泡（夏季 5～6 h，冬季 12～15 h），再煮沸处理，与海杂鱼、肉类副产品等搭配。

（5）蚕蛹干或蚕蛹粉 蚕蛹含有丰富的蛋白质和脂肪，营养价值高，但含有水貂不能消化的甲壳质，缺乏无机盐和维生素，用量不宜过多。在繁殖期可占日粮中动物性饲料的 20％，育成期和冬毛生长期占 20％～40％。使用前要彻底浸泡，除掉残存的碱类，蒸煮加工后与鱼、肉类饲料一起粉碎，或先把蚕蛹粉碎后掺在谷物饲料中蒸熟。水貂饲喂蚕蛹应增加饲喂含维生素的青绿蔬菜，如增加乳类和酵母。

（6）羽毛粉 是经高温和酸化处理后制成的，含有丰富的蛋白质，含硫氨基酸特别丰富，对水貂的生长有良好作用。羽毛粉含有大量的角质蛋白，不易被消化吸收，通常是混入谷物饲料中熟制。冬毛脱换前，于 8—9 月开始在日粮中加喂 2～3 g 羽毛粉，连续饲喂 3 个月，对冬毛生长有利，还能预防自咬症和食毛症。

常见动物性干饲料的营养成分见表 5-12。

表 5-12　常见动物性干饲料的营养成分（风干基础，％）

原料	水分	干物质	粗脂肪	粗蛋白	粗灰分	钙	总磷
鸡肉粉	7.87	92.13	20.10	46.79	3.64	1.32	0.56
肉骨粉	7.50	92.50	12.49	43.33	34.34	9.77	5.45
胸碎肉粉	7.24	92.76	21.98	55.80	18.70	6.56	3.17
鱼粉	8.64	91.36	10.45	59.00	17.67	3.20	2.71
羽毛粉	6.93	93.07	2.40	80.25	3.80	0.18	0.67

5. 乳品和蛋类

（1）乳品　是全价蛋白质的来源，成本高，多在水貂繁殖期和幼貂生长期使用。妊娠期一般每天可饲喂鲜乳 30～40 mL，不超过 50～60 mL，鲜乳饲喂过多有轻泻作用。哺乳期应保证鲜乳的供给，特别是产仔 10 d 后，对维持较高的母貂泌乳量有良好的效果。刚断乳的幼貂，日粮中利用 15％的鲜乳，有利于其生长发育。特别是利用动物性干饲料饲喂水貂鲜乳的量可逐渐增加，对幼貂的生长发育作用更为明显。鲜乳是细菌生长的良好环境，极易腐败变质，夏季挤乳后不及时消毒，放置 4～5 h 就会腐败。

（2）蛋类　鸡、鸭、鹅蛋是生物学价值很高的全价蛋白质饲料，含有营养价值很高的卵磷脂、多种维生素和无机盐。蛋黄对水貂生殖器官的发育、精子和卵子的形成以及乳汁分泌有促进作用。准备配种期每天每只公貂用量 10～20 g，可提高精液品质。妊娠母貂和产仔母貂供给鲜蛋 20～25 g，能促进胚胎发育，提高仔貂的生活力以及促进乳汁分泌。蛋类必须熟喂，生蛋中所含有的卵白素会破坏饲料中的生物素，使水貂发生皮肤炎、毛绒脱落等疾病。孵化的废弃品（石蛋或毛蛋）也可饲喂水貂，须及时蒸煮消毒，保证质量新鲜，腐败变质的不能利用，其饲喂量与鲜蛋大体一致。

常见乳品、蛋类的营养成分见表 5-13。

表 5-13　常见乳品、蛋类的营养成分（风干基础，％）

原料	水分	干物质	粗脂肪	粗蛋白	粗灰分	钙	总磷
带壳鸡蛋	74.94	25.07	34.74	43.38	6.90	2.59	1.40
鸡蛋	72.00	28.00	41.43	40.08	3.23	0.21	0.78
奶粉	6.40	93.60	18.36	28.26	5.69	0.88	0.83

去除水分，以干物质为基础分析不同水貂饲料原料的相似性，结果显示肉骨粉、牙鲆排、鸡骨架、鸭骨架、大麻哈鱼排、胸碎肉粉、小黄花鱼头、鲽鱼排、明太鱼排、鸡碎肉、猪骨泥和虾蛄为一类，牛肝、鸡肝、鸭肝为一类，鸡肉粉和鸡肉为一类，鱼粉、大黄花鱼、海杂鱼、虾虎鱼和小黄花鱼为一类。

二、常用植物性饲料及饲喂方法

水貂常用植物性饲料主要有谷物饲料、植物饼粕类饲料、植物蛋白类饲料和果蔬类饲料。

1. 谷物饲料　是水貂日粮中碳水化合物的主要来源，常用的有玉米、高粱、小麦、大麦、大豆等。谷物饲料一般占水貂日粮总量 10%～15%（熟制品）。水貂对生谷物的消化率较低，所以必须膨化或者熟制膨化。谷物含水量 15%以上，容易发霉变质，饲喂发霉变质谷物会引起水貂黄曲霉毒素中毒，导致死亡。

2. 植物饼粕类饲料　水貂对植物性蛋白消化率低，日粮成分中大豆饼、亚麻饼、向日葵饼、花生饼等富含蛋白质的植物饼粕类饲料利用不多。饼粕应蒸煮后熟喂，生喂不易消化。饲喂量不宜超过谷物饲料 20%，过高会引起消化不良和下痢。

3. 植物蛋白类饲料

（1）大豆蛋白　可以替代一小部分蛋白。长期饲喂大豆蛋白的水貂毛皮会出现不良特性。

（2）玉米蛋白　是部分存在于玉米淀粉中的蛋白。玉米蛋白中含有较多的含硫氨基酸，当玉米蛋白的添加量相当于 20%蛋白量时，能提高毛皮质量。

（3）马铃薯浓缩蛋白　即马铃薯淀粉被抽提后剩下的蛋白部分，容易被消化吸收，含有一种优质的氨基酸复合物，是一种新兴的、优质的水貂饲料。在水貂生长阶段可以在饲料中大量添加马铃薯蛋白（相当于总蛋白含量的 40%）。

4. 果蔬类饲料　一般占日粮总量的 10%～15%。常用的果蔬类饲料有白菜、甘蓝、油菜、胡萝卜、菠菜等。菠菜有轻泻作用，一般与白菜混合使用。未腐烂的次品水果也可代替蔬菜饲喂水貂。早春缺乏蔬菜时，可采集蒲公英等野菜饲喂水貂，占日粮 3%～5%（味苦的不宜多喂）。夏、秋季可适当利用瓜类和番茄类等，可占蔬菜 30%～50%。沿海地区可用海带、紫菜、裙带菜等。

常见植物性饲料的营养成分见表 5-14。

表 5-14　常见植物性饲料的营养成分（风干基础，%）

项目	干物质	粗蛋白	粗脂肪	粗灰分	碳水化合物
玉米粉	88.0	6.5	3.2	1.3	47.5
小麦粉	86.0	7.8	1.2	1.6	48.1
高粱粉	89.1	8.0	2.9	2.1	41.2
大豆粉	92.0	20.3	10.7	4.5	13.3

（续）

项目	干物质	粗蛋白	粗脂肪	粗灰分	碳水化合物
大白菜	6.0	1.0	0.1	0.7	2.1
甘蓝	22.8	2.3	0.3	1.8	3.6
胡萝卜	11.5	1.1	—	1.0	5.6
莴苣叶	7.0	1.5	0.4	0.9	2.1

三、常用添加类饲料及饲喂方法

水貂常用的添加饲料有无机盐、抗生素。

1. 无机盐

（1）骨粉 是水貂钙、磷添加饲料。以畜禽内脏为主的日粮，每天每只应补充骨粉 2～4 g；以鱼为主的日粮，加 1～2 g 为宜。

（2）食盐 是水貂所需钠、氯的来源，必须常年添加，每天每只用量为 0.5～0.8 g。食盐过多会发生中毒。

2. 抗生素

常用抗生素有粗制土霉素和四环素等。抗生素能抑制有害微生物和防止饲料腐败。粗制土霉素（每千克含纯土霉素 35～38 g）或四环素主要在饲料不新鲜时投给，特别是夏季，能预防胃肠炎，提高饲料利用率，促进幼貂生长发育。成年貂每天每只 0.3～0.5 g，最高不超过 1 g（相当于纯土霉素 35～38 mg）；断乳幼貂 0.2～0.3 g（相当于纯土霉素 7～10 mg）。不应长期饲喂抗生素饲料，长期使用会产生抗药性。

第三节　不同类型饲料的合理加工与利用方法

一、配合饲料的配制和饲喂方法

配合饲料是根据水貂各生物学时期的营养需要，用多种饲料原料按一定比例混合加工而成的、营养成分均衡、生物学价值较高的一类饲料。这种饲料中各种营养成分齐全，比例合适，使用后能提高饲料利用率，降低饲料消耗。根据饲料组成的物理状态可将配合饲料分为配合鲜饲料和配合干饲料。配合鲜饲料具有适口性好、消化利用率高的优点，其原料保存和加工成本较高。配合干饲料含水量低（在 12% 以下），便于运输和贮存，使用比较方便，但适口性较差，在水貂繁殖期应尽量避免使用配合干粉饲料。

配制水貂配合饲料，必须掌握水貂各生长时期对各营养成分的需要量，必须了解饲料原料中各营养成分（蛋白质、脂肪、能量、钙、磷等）的含量，饲料原料的营养成分最好实际测定，没有条件的可以参考《中国饲料成分及营养价值表》。要对配制好的饲料进行随机测定，以监测所配制的饲料是否满足水貂的营养需求。

1. 日粮配方的拟定原则

（1）保证营养需要　水貂在不同饲养时期对各种营养物质的需要量不同，在拟定日粮配方时要根据实际饲料原料的热能及各种营养成分的含量，按照水貂相应时期的营养需要，尽可能达到日粮标准的要求。

（2）合理调剂搭配　拟定日粮配方要充分考虑当地的饲料条件和现有的饲料原料种类，尽量做到营养全面，合理搭配。特别要注意运用氨基酸互补作用，满足水貂对必需氨基酸的需要，提高日粮蛋白质利用率。既要考虑降低饲养成本，又要保证水貂的营养需要和适口性。

（3）避免颉颃作用　各种饲料的理化性质不同，日粮搭配时，互相有颉颃作用或破坏作用的饲料原料要避免同时使用。

（4）保持相对稳定　配合日粮要考虑过去的日粮营养水平、貂群体况等因素，尽量保持饲料的相对稳定，避免突然改变饲料原料种类引起水貂对饲料的不适应。

2. 日粮配方的拟定方法　目前主要有以重量和热量为计算依据的拟定方法，现分别介绍如下。

（1）热量法　是以热量为依据来计算，现以拟定100只水貂妊娠期饲料单为例。

第一步：确定日粮热量标准及各种饲料的热量比例。

参考日粮标准，每天每只水貂应供给热能为1.130 MJ。根据饲料种类和质量确定海杂鱼占能量的40%，熟痘猪肉占17%，猪肝占8%，牛奶占7%，玉米面占22%，大白菜占2%，饲料酵母占4%。

第二步：根据各种饲料的能量比例，计算每0.418 7 MJ能量中各种饲料的相应重量。

查饲料营养成分表得知，每100 g海杂鱼的能量为0.351 7 MJ，则0.167 5 MJ（在0.418 7 MJ中海杂鱼占40%）相当于海杂鱼的重量为：167.5×100/351.7＝47.6 g。以此类推，即可计算出每0.418 7 MJ中各饲料原料的相应重量分别为：海杂鱼 0.167 5 MJ，47.6 g；熟痘猪肉 0.071 2 MJ，5.9 g；猪肝 0.033 5 MJ，6.7 g；牛奶 0.029 3 MJ，10.6 g；玉米面 0.092 1 MJ，8.6 g；白菜 0.008 4 MJ，14.3 g；饲料酵母 0.016 7 MJ，1.8 g；合计为 0.418 7 MJ，95.5 g。

第三步：计算每天供给每只水貂的饲料总量。

在第二步中，已计算出 0.418 7 MJ 所需各种饲料原料的数量，此期水貂需要的能量为 1.130 MJ，故将各种饲料在 0.418 7 MJ 热量中的相应重量乘以 2.7，就可以得到日粮中的重量。即：海杂鱼 47.6 g×2.7≈129；熟痘猪肉 5.9 g×2.7≈16 g；猪肝 6.7 g×2.7≈18 g；牛奶 10.6 g×2.7≈29 g；玉米面 8.6 g×2.7≈23 g；白菜 14.3 g×2.7≈39 g；饲料酵母 1.8 g×2.7≈5 g；合计为 95.5 g×2.7≈259 g。

第四步：计算日粮中可消化蛋白质的含量。大型貂场还需定期计算脂肪和碳水化合物的含量。具体方法与计算蛋白质相同。

查各种饲料原料的营养成分表，以日粮中各种饲料原料的重量乘该种饲料原料的蛋白质含量（%），即得出日粮中各种饲料原料含有的蛋白质量，合计为日粮中的总蛋白质量。

即：海杂鱼 129 g×13.8%＝17.8 g；熟痘猪肉 16 g×23.1%＝3.7 g；猪肝 18 g×17.3%＝3.1 g；牛奶 29 g×2.9%＝0.8 g；玉米面 23 g×9%＝2.1 g；白菜 39 g×1.4%＝0.5 g；饲料酵母 5 g×38%＝1.9 g；合计为 29.9 g。

每只妊娠期水貂每天需要可消化蛋白质为 25～35 g，日粮中蛋白质的含量可以满足此期水貂的营养需要。

第五步：计算全群 100 只水貂每天所需的饲料量，以 4∶6 的比例分配早、晚用量，形成最终的饲料配方单。

（2）重量法 该法以重量为依据计算。现以拟定 100 只妊娠后期母貂的饲料单为例：

第一步：确定日粮重量标准及饲料品种比例。

根据日粮重量标准表，每天应供给混合饲料 320 g。确定其中海杂鱼占 50%、牛肉 10%、牛奶 5%、鸡蛋 3%、玉米面 10%、白菜 12%、水 10%。每天每只另添加酵母饲料 3 g、骨粉 2 g、维生素 A 1 000 IU、维生素 D 100 IU、维生素 B_1 2 mg、维生素 B_2 0.5 mg、维生素 C 20 mg、维生素 E 4 mg、食盐 0.5 g。

第二步：计算每只水貂每天供给各种饲料的重量如下（每种日粮的标准×

日粮的重量比＝日粮重量）：

海杂鱼 320 g×50％＝160 g；牛肉 320 g×10％＝32 g；鸡蛋 320 g×3％＝9.6 g；牛奶 320 g×5％＝16 g；玉米面 320 g×10％＝32 g；白菜 320 g×12％＝38.4 g；水 320 g×10％＝32 g；合计为 320 g。

第三步：计算日粮中可消化蛋白质的含量。

查饲料营养成分表，以日粮中各种饲料原料的重量乘该种饲料原料蛋白质的含量（％），再累计相加，即得出日粮中蛋白质的量。即海杂鱼 160 g×13.8％＝22.1 g；牛肉 32 g×20.6％＝6.6 g；鸡蛋 9.6 g×14.8％＝1.4 g；牛奶 16 g×2.9％＝0.5 g；玉米面 32 g×9％＝2.9 g；白菜 38.4 g×1.4％＝0.5 g；合计为 34 g。

妊娠后期每只水貂每天需要的可消化蛋白质为 25～35 g，该日粮中的蛋白质可以满足母貂妊娠后期的需要。

第四步：计算全群 100 只水貂每天所需的饲料量，并按 4∶6 分配早、晚用量，形成最终的饲料配方单。

3. 配合鲜饲料和配合干饲料的注意事项

（1）配合鲜饲料 水貂配合饲料的加工，以减少养分损失、保持饲料质量、增加适口性为原则。加工顺序先是动物性饲料，后谷物饲料，再青饲料，最后添加滋补饲料。其加工步骤分清洗、粉碎（绞碎）、搅拌三道工序。

待各种饲料加工完成，充分搅拌均匀方可饲喂。在搅拌过程中可适当加水，一般加水 15％，达到半流质或糨糊状即可。在配制鲜饲料时添加适量的饲料黏合剂，饲喂水貂时可以直接将鲜饲料放在笼子顶部。水貂饲料应现加工、现饲喂，以确保饲料品质新鲜。

（2）配合干饲料 配合干饲料的配制原料与配合鲜饲料基本相同，配合干饲料适口性较差，将其用于水貂饲养一直备受争议。我国大型的养殖企业都采用配合鲜饲料，部分小型养殖户会将配合干饲料添加到鲜饲料中饲喂水貂。在当今饲料原料短缺的形势下，一些饲料企业也在着手水貂配合干饲料的研究和开发。

二、各个生长阶段的营养需要

根据水貂不同的生理时期特点、季节性繁殖以及生产环节，将一年的生产周期划分为准备配种期、配种期、妊娠期、产仔哺乳期、母貂恢复期、公貂恢

复期、冬毛生长期和取皮期等几个阶段（表5-15）。

表5-15　水貂的饲养阶段

类别	月　份											
	1	2	3	4	5	6	7	8	9	10	11	12
种公貂	准备配种期		配种期	恢复期/仔种貂哺乳、育成期						冬毛生长期	准备配种期	
种母貂				妊娠期	产仔哺乳期	恢复期/仔种貂育成期				冬毛生长期	准备配种期	
商品貂	无				哺乳期	育成期				冬毛生长期	取皮期	

水貂各个生长阶段营养标准、饲养标准及饲喂量分别见表5-16至表5-18。

表5-16　营养标准

生长阶段	性别	代谢能（MJ）	可消化营养物质		
			蛋白质（g）	脂肪（g）	碳水化合物（g）
准备配种期	公	1 250	20～28	5～7	11～16
	母	720	20～26	5～7	10～15
配种期	公	1 500	27～30	3～5	10～14
	母	840	23～28	3～5	10～13
妊娠、泌乳期	母	1 250	25～35	6～8	13～15
育成期	公	1 500	20～35	8～12	15～18
	母	900	15～20	8～10	13～15
换毛期	公	2 300	26～30	8～12	12～18
	母	1 400	20～30	8～10	15～20

表5-17　饲养标准（%）

饲料	准备配种期和配种期		妊娠期和产仔泌乳期		育成期		换毛期	
	热量比	重量比	热量比	重量比	热量比	重量比	热量比	重量比
鱼类	65	55	75	62.5	60	42.45	60	49.77
肉类	7	3.3	5	3	—	—	7	0.95
谷物	25	4.7	18	3.8	36	8.6	30	6.40
蔬菜	3	10.8	2	7	4	14.37	3	10.55
水	—	25.2	—	23.7	—	34.53	—	32.33

表 5-18 每千克饲料中添加剂加入量

添加剂	准备配种期和配种期	妊娠期和产仔泌乳期	育成期	换毛期
大葱（g）	2	—	—	—
酵母（g）	4	4	3	3
羽毛粉（g）	1	1	1	1
食盐（g）	0.5	0.5	0.5	0.5
氯化钴（mg）	1	1	—	—
鱼肝油*（IU）	1 500	1 500	1 500	1 500
维生素 E 油*（mg）	10	10	10	10
维生素 B$_1$**（mg）	10	10	10	10
维生素 C**（mg）	25	25	12.5	12.5
复合维生素 B（mg）	—	5	—	—
水貂用添加剂（g）	—	0.5	—	—

注：①配种公貂每天中午补饲牛奶 40 g，肉 40 g，蛋 15 g；②哺乳母貂每日补饲牛奶 30 g，蛋 8 g；③分窝后头 1 个月，每只仔貂补饲牛奶 10 g，肉 10 g，蛋 2 g。* 为每周一、三、五，** 为每周二、四、六晚食逐只饲喂。

表 5-19 每天每只水貂混合饲料平均饲喂量（g）

月份	1	2	3	4	5	6	7	8	9	10	11—12
饲喂量	300	275	250	325	500	265	445	475	480	500	510

应根据品种的生长发育特点和长期饲养的经验总结，提出不同阶段日粮主要营养素的搭配指标。

第六章
饲养管理

第一节　准备配种期饲养管理

准备配种期是从 9 月至翌年 2 月，可细分为准备配种前期（9—10 月）、准备配种中期（11—12 月）、准备配种后期（翌年 1—2 月）。准备配种期的主要工作是选种，调整种貂体况，促进种貂生殖系统的正常发育，确保种貂换毛与安全过冬等。

一、准备配种前期的饲养管理

每年 9—10 月幼貂长至体成熟，此期随着日照时间的逐渐缩短，幼貂开始脱去夏毛更换为冬毛，开始在体内囤积脂肪用于过冬。

准备配种前期是水貂秋季换毛最明显的时期，水貂换毛的早、迟和快、慢是个体对日照周期变化敏感性高低的直观体现，与翌年的繁殖力息息相关。水貂的夏毛粗糙缺乏光泽，颜色也较浅和陈旧，新生冬毛色泽深黑和艳丽。以尾尖、躯干两侧先脱换，头部、尾根部较迟，鼻端、耳缘最晚脱换。10 月中旬前正常换毛的水貂，周身夏毛应脱落完毕。

准备配种前期管理主要是做好种貂复选工作。种貂的复选是根据生长发育情况、体型、体质、毛绒色泽和质量、换毛时间等进行选择。一般选择生长发育好，体型、体重在品种标准优等范围内，体质强，毛绒色泽质量好，换毛较早的留作种用。种公貂一般不留作种用，配种期结束随即淘汰。水貂应健康好动，头、体比例合适，头、眼灵活，全身乌黑发亮，腹部没有白色垂直线，没有白嘴巴，公、母毛色一致，绒毛和针毛齐全，绒毛厚，针毛平、齐，无掉毛、食毛，无咬尾，表现健康无疾病。种貂复选工作结束以后，公母分开单独饲养。应将种貂集中到笼舍的南侧饲养，以便让种貂接受充足的光照。

准备配种前期全群正处于脱夏毛长冬毛的阶段，性腺开始发育。此期主要是增加营养，提高膘情，为安全越冬做准备。随着日照时间变短和气温逐渐下降，水貂食欲旺盛，为使种貂安全越冬并为性器官发育提供营养物质，应适当提高日粮标准和动物性饲料比例，增加种貂的肥度。给种貂提供充足、可消化的蛋白质和富含蛋氨酸、胱氨酸的蛋白质饲料。同时给予适量的可消化脂肪，每天每只水貂 10～20 g。日粮标准：代谢能为 1.1～1.2 MJ，可消化蛋白 30～35 g，可消化脂肪 10～15 g，动物性饲料为 70%，日粮量为 400 g 左右。一般常供给的日粮：动物性饲料 200～230 g、谷物饲料 20～25 g、麦芽 8～10 g、蔬菜 20～25 g、酵母 1～1.5 g、食盐 0.5 g。动物性蛋白以海杂鱼为主，适当搭配一些肉类及下杂；谷类饲料组成为玉米面 70%、黄豆粉 10%、小麦粉或麦麸 20%，另外还应适当补充骨粉。

二、准备配种中期的饲养管理

准备配种中期的主要任务是促进水貂冬毛成熟，促进性器官的迅速生长发育，保持种貂的良好体况，安全越冬。饲养管理上主要采取如下 3 方面措施。

1. **认真做好种貂精选工作**　淘汰冬毛未完全成熟和食欲不佳、患病、体质瘦弱的个体；对种貂逐只进行生殖器官形态检查，触摸公貂睾丸，及时淘汰单睾、隐睾、睾丸体积太小而发育不良个体。检查母貂阴门，淘汰阴门位置离肛门过近或过远、阴门口狭小或扭曲等畸形个体。

屠宰取皮前，根据水貂毛绒品质，即颜色，光泽，针、绒毛长度和细度，底绒丰厚程度，以及体型大小、体质类型、体况肥瘦、健康状况、繁殖能力、系谱和后裔鉴定等综合指标，逐个对种貂进行对比，选优去劣。对选定的种貂统一编号，建立系谱，登记入档。将劣质种貂当作皮貂屠宰取皮。

选种工作主要根据个体鉴定、家系鉴定、系谱鉴定三方面进行。

（1）个体鉴定　适合于遗传力高的性状选择。遗传力高的性状受环境影响小，通过表型性状能充分反映其基因型，可以直接通过表型去选择，如水貂的体重、体长、毛绒长度和密度，毛色深度及白斑大小等。遗传力低的性状不适用于这种方法。

（2）家系鉴定　适用于遗传力低的性状选择，根据同胞和半同胞群体的表

61

型平均值进行选择，如母貂的产仔数。

（3）系谱鉴定　根据祖代和后裔的品质、性能进行性状鉴定，以亲代性状为主，对子一代的表型鉴定可以进一步了解亲代的遗传特性。对于质量性状，可以根据亲代和后代的表现型了解其基因型，通过基因型对优良性状进行有效选择，淘汰有害基因。对于数量性状，对祖代和后裔的鉴定只能参考。

2. 保持种貂良好的体况　11—12 月主要是维持营养，根据气候条件调整膘情，如冬季寒冷的北方地区，应当向上调整膘情，防止过瘦，以利于种貂抗御冬季严寒；冬季不太寒冷的地区，则应向适中体况调整，防止出现过肥、过瘦的两极情况。饲养上，日粮的营养标准和饲料的配合比例同准备配种前期。此期混合饲料饲喂量可视种貂肥度略多于准备配种前期，日粮饲喂量 450 g 左右。

3. 垫草保温，安全越冬　入冬前向种貂小室中絮入干燥的防寒垫草，通过垫草保温减少种貂抵御严寒的热能消耗，减少疾病发生，利于安全越冬。要注意经常检查小室中垫草的情况，及时添加垫草，保持小室洁净。种貂在寒冷的季节应严防小室污秽潮湿，不良环境易导致种貂患呼吸道等疾病，且增加抗寒的热能消耗，不仅造成饲料浪费，而且易造成种貂体质消瘦。

三、准备配种后期的饲养管理

准备配种后期的主要任务是调整种貂体况，促进种貂性成熟和发情，为配种做好准备。种貂准备配种后期的体况调整，对提高繁殖力具有重要作用和意义。具有健康的体质和适宜的体况，才能最大潜能地发挥较高的繁殖力，过肥或过瘦的体况都会影响种貂繁殖。一般公貂体况适于中等略偏上，母貂适于中等略偏下。

1. 种貂体况鉴别方法

（1）体重指数测定法　先将水貂保定，放在平面物体上，使其躯干平顺延伸，在鼻端和尾根处用粉笔画点标记，再测量两点之间的直线距离，即体长（单位为 cm）。再称量水貂的活体体重（单位为 g）。利用以下公式计算其体重指数。母貂体重指数 24～26 为适宜的繁殖体况。

$$体重指数＝体重（g）/体长（cm）$$

体重指数测定法更科学、准确，对于养殖数量大的养殖场来说，工作量巨大、费时费力。生产实践中常采用经验者目测法鉴别。

（2）目测法　此法简单易行、效率高。方法就是用稻草之类逗引水貂在笼子的前壁笼网上立起，两后肢呈自然分开状，此时透过前壁笼网的间隙，目视水貂的下腹部和腹股沟，以其肥胖程度来鉴别体况，可将种貂分为肥胖、适中和瘦弱三种体况。种貂躯体圆胖丰满，腹围大于臀围，后腹部圆凸甚至脂肪堆积下垂、行动笨拙、反应迟钝被称为肥胖型体况；种貂躯体匀称、清秀，腹围和臀围平齐或略小于臀围，腹部平展或略显有沟，后腹部略丰满，但平而不向腹股沟部下垂，躯体前后匀称，运动灵活自然视为适中型体况；种貂躯体瘦细，多数弓腰而弯曲，腹围明显小于臀围，后腹部收缩，腹股沟部凹陷成沟形，多跳跃式运动，采食迅猛视为瘦弱型体况。

2. 调整种貂繁殖体况

（1）群体调整　在准备配种后期，将全群种貂体况调整到全群基本一致的水平。技术人员从 1 月初开始视不同群体的肥瘦情况，分别减加饲料量。群体体况调整应平稳而循序渐进地进行，忌用严厉饥饿的应急减肥方式，以免影响种貂的健康。对于体况偏瘦的种貂群，要增加日粮中的优质动物性饲料和总饲料量，使其吃饱，同时给足垫草，加强保温，减少能量消耗。

（2）个体调整　由饲养员负责完成。1 月初饲养员应对全群个体在其小室箱上做好体况标记。以后至少每周检查 1 次。过肥的种貂除少给饲料外，还可以减少小室垫草或短期将其关在运动场内，通过加大热能消耗达到迅速减肥的目的。对于偏瘦的种貂，要增加饲料量，在机械喂食的情况下，在均一打食之后，再给其增加饲料量。对于因病消瘦的种貂，要及时查明病因，治疗后增肥。每天早晨观察种貂体况，以便及时调整。

体况调整一定要注意毛绒的光泽，如毛绒失去光泽、被毛粗糙是营养不良的表现。由于运动量增加，饮欲增强，应保证为其供应清洁的饮水。

3. 促进种貂发情，增加异性刺激　准备配种后期正是种貂性器官和生殖细胞（精子、卵子）全面迅速发育，直至成熟和发情的时期。此期饲料的质量要相对提高，需要全价的蛋白质和多种维生素。如果饲料中的蔬菜量不足，应增加维生素 C 的投给量。为了提高种公貂的精液品质，应补饲部分全价蛋白质饲料。动物性饲料占 75% 左右，由鱼类、肉类、内脏、蛋类等组成；谷物饲料占 20%～22%；蔬菜可占 2%～3% 或更少。每天每只还应该供给鱼肝油、酵母、麦芽、大葱等。饲料总量为 250 g 左右，蛋白质含量在 30 g 左右。

为了促进种貂发情，可在饲料中每隔 2～3 d 投喂 1 次少量的葱、蒜类有

刺激性气味的饲料（每只1～2g）。1月下旬和2月中、下旬，应对全群种貂逐只进行发情鉴定检查，检查后将部分公、母貂交换笼舍，穿插排列，也可将发情好的母貂放入公貂笼内，或将其养在公貂邻舍，或母貂笼外逗引公貂，通过视觉、嗅觉、听觉等相互刺激促进公貂发情。这种刺激不宜过早开始，过早会降低公貂食欲和体质。

4. 制订配种计划　①检查种貂系谱，防止近亲交配。②制订配种方案，公貂毛绒品质优于母貂，公、母貂毛色、体型一致，最好大体型相配或大体型公貂配种小体型母貂。为清楚谱系，复配应由同一公貂交配。配种计划的制订要根据本场的种貂情况进行制订，多采用品质选配，也可杂交繁育等。

（1）品质选配　分为同质选配和异质选配。同质选配就是选择在品质和性能方面具有相同优点的个体交配，以期在后代中巩固和提高双亲所具有的优良特征。同质选配可获得与近亲交配相似的效果，又可避免近亲交配所出现的衰退现象。在同质选配时，原则是在主要性状尤其是遗传力高的性状上，公貂的表型值高于母貂的表型值，这样才能使有益的经济性状在后代中得以积累和扩大，且逐代提高。同质选配常用于纯种繁育与核心群的选育提高。异质选配就是选择在品质和性能方面，具有不同优点的个体交配，以期在后代中用一方亲本的优点去改良另一方亲本的缺点，或者结合双方的优点创造新的类型。结果类似于杂交。异质选配的原则是在质量性状上，只能用一方亲本的优点去纠正另一方的缺点，不能用同一性状相反的缺点去相互纠正。在水貂生产中，常采用群体选配，把优点相同的母貂归纳为几类，为每类母貂选择适宜的公貂类型，共同组成一个选配群体，在群内根据系谱检查进行交配。

（2）杂交繁育　杂交就是采用两个或两个以上具有不同遗传类型和不同优良性状的水貂相交，也称为远交。杂交后代基因的杂合性增加，能遗传双亲不同的基因型，获得杂种优势。杂交后代一般具有适应性强、繁殖成活率高、生长发育快等特点，这种杂交优势在杂交一代中表现明显，以后则会逐渐减弱。

5. 做好配种的准备工作　1月30日有发情表现母貂的数量应达全群母貂的90%以上。如发情母貂少于这一比例，应及时查明原因，加强饲养管理。2月应制订好种貂配种方案及选配计划。配种期所需配种登记表及各种物品，如捕貂网、捕貂笼、捉貂的棉手套、显微镜以及其他用品等也应准备齐全。准备工作还包括做好饲养人员的技术培训和劳动组织安排工作。

第二节　配种期饲养管理

3月是水貂的配种期。各地因气候原因配种日期稍有差异，如吉林省在3月5日开始初配，辽宁省在3月1日开始初配，大连明华经济动物有限公司育种场在3月1日开始初配。此期除按配种方案要求落实和做好水貂配种的各项技术环节工作外，饲养管理上的主要任务是维持公貂体况，提高其交配能力和精液品质，继续保持和控制种母貂体况。

一、配种期的饲养

1. 加强种公貂采食，防止体况急剧下降　水貂在配种期由于性活动加强，食欲下降，营养消耗较大，尤其是公貂，容易造成急剧消瘦而影响交配能力。应加强饲料的加工和调制，提高蛋白质含量，增强饲料适口性。对配种公貂每晚饲料中补加牛奶、肉、蛋、肝类饲料，并添加维生素 A 和维生素 E。日粮的平均饲喂量 260 g 左右。

2. 保持母貂的繁殖体况，防止发生过肥或过瘦的现象　配种期种母貂消耗体力不如种公貂。交配受孕后，胚泡处于滞育期，受精卵不附植和发育，营养消耗不增加。配种期仍应保持其准备配种后期的体况，防止发生过肥或过瘦现象，尤其不能使母貂的体况偏肥，如果配种期种母貂体况偏肥，妊娠期必然形成过肥体况，不利于提高繁殖力。

配种期早间饲喂一般在配种后 1 h（上午 8 时左右）以及 15 时分两次进行；也可上午 10 时饲喂一次。

3. 保证充足和清洁的饮水　必须保证水貂有充足清洁的饮水，特别对配种结束后的公貂。除常规供水外，放对前后还要各增加 1 次饮水。

二、配种期的管理

配种期是水貂养殖过程中的关键时期。应每天安排好饲养员的工作计划，确保配种工作稳中有序地进行。

1. 水貂放对需要在凌晨较寒冷的时候起早进行　配种期应讲究提高劳动效率，按母貂发情时间顺序，于前一天做好次日的种貂放对安排。放对过程中严防跑貂，尽量缩短放对配种的有效时间。放对结束和完成必要的饲养管理工作后，除值班人员外，全场其他人员一律撤离，给种貂创造一个安静的环境，在保证人员休息的同时，也保证种貂的疲劳恢复。初配阶段每日上午只放对一次，复配阶段有必要放对两次时，两次放对时间间隔至少 4 h，不能频繁放对，同时防止母貂被咬伤。

2. 精液检查　进行种公貂精液检查，目的是对其进行合理的利用。淘汰精液品质不好的公貂，防止出现空怀，降低生产效益。

初配时检查每只公貂精液，精液检查需要显微镜、吸管、生理盐水、载玻片、吸水纸等。精液检查室的室温保持在 15 ℃ 以上，有条件的应该在室温 20 ℃ 环境下进行。若温度过低，精子活力会降低甚至看不到活的精子。精液检查方法是取刚与公貂交配的母貂，先用载玻片在母貂阴门处轻轻蘸取一点精液，蘸取时要保证力度适中，涂层均匀，多余的液体轻轻甩掉，放在显微镜下观察；如果两次涂片效果不好，则用消毒的吸管插入刚配完的母貂阴道内，吸取少量精液，涂在载玻片上镜检。主要检查精子的有无、活力、形态和密度等情况。正常的精子呈直线运动，形状似蝌蚪。无精、死精或精子畸形、精子呈螺旋运动等都属于品质不良，应被淘汰。精液检查在显微镜 100～400 倍下进行，如果显微镜下有 80% 以上精子呈直线运动，几乎没有死精子，则为"优"；如果有 50% 以上的正常精子，极少部分精子在原地运动或有个别死精子，则为"良"，如果有 50% 以下直线运动的精子，或是精子密度虽然较大，但有大部分死精子，则为"可活"。"无和死精"是指在一个视野中无精子或者全部都是死精子。在现场进行精液检查时，只要"可活"就达到了标准。值得注意的是大群配种，有时需要排队检测，由于早晨室温低，精液在阴门处停留时间长，大部分已经死亡，需用吸管吸取阴道内的检测。

经过几次检查，发现有大量死精子、畸形精子的公貂，要将其淘汰。对用显微镜镜检结果不确定的公貂，在复配的时候应再检查一次。

种公貂无精子或者死精子是造成水貂空怀的原因之一。精液检查是水貂生产中一项重要工作，做好精液检查是提高水貂妊娠率和产仔率的关键环节。采用同一只公貂复配，可降低母貂空怀率，有效提高水貂的繁殖率。

3. 合理利用种公貂　因个体差异，种公貂的配种能力相差较大，要合理有效地利用优良种公貂。在一个配种期内，公貂可配种 10～15 次。初配阶段，公貂一天配一次，应选择发情好、性欲高、性情温驯的母貂，不要频繁更换母貂。初、复配并行的情况下，每只公貂可 1 d 配 2 次。1 d 配 1 次可以不安排休息，若是连续 2 天交配 3～4 次的，须休息 1 d。整个配种期内每只公貂的交配次数不要超过 20 次。

4. 识别真配与假配

（1）真配　公、母貂都很老实安静，公貂射精时，两眼眯眯，臀部频频用力向前抖动；母貂时时发出低微的呻吟。配种结束开对后，母貂的外阴部高度充血、肿大、发红，阴毛潮湿。公貂口渴欲饮，舔自己的外生殖器官，随即进入小室内休息。

（2）假配　公貂虽爬胯母貂，并表现出交配姿势，实际上公貂阴茎并未插入母貂的阴道内，此现象为假配。在假配时公貂后躯弯度不大，经不起母貂的移动，阴茎露于母貂体外，精神表现不够集中，两眼发贼，无射精动作，稍有恐吓即行开对。开对后抓住母貂，观察母貂的阴门部，若无充血变化，则为假配。

5. 注意观察、安全配种　水貂交配完成后，公、母貂往往互相斗咬，应及时将母貂送回原笼饲养。公貂配种后易出现口渴，应稍待片刻后供给饮水，以确保其健康。在遇到对发情鉴定不准，母貂无交配要求，因择偶不当而致公、母貂彼此不喜欢对方等情况时，要注意和防止公、母貂相互撕咬而受伤。

6. 注意跑貂　加强笼舍检修和加固，以防止跑貂。场内多设置捕貂网、串笼，以便及时捕捉跑出的种貂。在发情检查和放对的操作中也应防止跑貂和错捉错放。放对时，种貂的号牌应同时携带。

7. 认真做好配种记录和登记　水貂放对时，要及时做好配种记录，记录交配公、母貂的号牌，交配日期，公貂精液质量情况等。配种记录是种貂系谱的重要依据和档案。应及时、准确地做好记录、登记、统计和归档工作。

8. 配种工作注意事项　放对过程中，不可以强制放对交配。母貂发情具有周期性，只有在发情期交配，才能受孕。在发情前期，追求交配进度，强制水貂交配，很容易造成水貂受伤、失配甚至死亡，即使配对成功也很难受孕。

母貂属刺激性排卵，除交配刺激外，频频放对、公貂追逐爬胯等因素，也可诱导其发生排卵，因此在配种工作中不要频频放对，这样会干扰排卵，影响受孕产仔。

第三节　妊娠期饲养管理

一、妊娠期的生理特点

母貂受配怀孕到分娩产仔这段时间为妊娠期。水貂妊娠天数变动范围极

大，其原因主要是水貂具有胚泡滞育期这一生理特点。

水貂的妊娠分为三个阶段。①卵裂期：是卵子受精后，经5～6次分裂形成桑葚胚形成胚泡的阶段，一般为6～8 d。②滞育期：是胚泡在子宫角内游离而未附植阶段，一般为6～30 d。③胚胎期：是胚泡在子宫角内附植，迅速发育至胎儿成熟的阶段，通常为30 d左右。水貂胚泡附植时间在4月上旬，胎儿迅速生长发育的时间是在4月中旬以后。

二、妊娠期的饲喂

妊娠期的母貂，除了满足自身生命活动和胎儿生长发育的需要之外，还要为产后哺乳积存一部分营养，饲料的供给要分阶段地调整。

1. 日粮的配合　妊娠前期即4月上旬前，妊娠母貂营养需要不必增加，仍采用配种期的日粮标准。4月中旬以后采用妊娠期的营养标准，平均饲喂量350 g。

2. 饲料质量和加工要求　妊娠期水貂抗病力较低，极易患消化道疾病。要严格把好饲料关及其加工的质量关。妊娠期水貂的饲料要做到品质新鲜、种类稳定、营养全价、适口性强。

（1）品质新鲜　妊娠期饲喂饲料必须保持新鲜。冷藏的肉、鱼类饲料贮存期不宜超过半年，谷物饲料绝不能发霉，蔬菜不能有腐烂和变质。不能饲喂腐烂变质、腐败发霉的饲料，否则会造成母貂拒食、下痢、流产、死胎、烂胎、大批空怀和大量死亡等严重后果。这个时期还要特别注意沙门氏菌和弯曲杆菌，它们能引起孕貂流产。一般不要使用内脏、在屠宰场地面收集的血液、被排泄物污染的副产品，以及看起来或闻起来不新鲜的任何可疑的饲料成分。使用家禽和屠宰副产品时，其细菌污染的危险性非常高，要严格控制这些饲料质量。将日粮中细菌总数减到最少，降低对母貂免疫系统的破坏，也有助于降低母貂子宫炎的发生率。

妊娠期不能饲喂含激素过高的动物性产品，如难产死亡的动物肉、带甲状腺的气管和用雌激素化学去势的畜禽肉及下杂料等，因其中含有的催产素和其他激素会干扰水貂正常繁殖或导致大批流产。

（2）种类稳定　制订和落实水貂妊娠期所用饲料的采购计划，各种饲料的数量和质量要保持稳定。饲料种类或质量的突然改变，会影响种貂的食欲和采食，对母貂妊娠造成不良影响。

（3）营养全价　水貂妊娠期必须提供全价的营养来支持胎儿的生长和防止流产。动物性饲料中除海杂鱼外，还必须提供部分肉、蛋、乳、血、肝等含有必需氨基酸的全价蛋白质饲料，并添加各种维生素和微量元素类饲料。每千克饲料成分中含可消化蛋白质至少 250 g、维生素 A 1 000 IU、维生素 E 5～10 mg、复合 B 族维生素 3～6 mg、维生素 K 2～4 mg，同时要添加适量的矿物质。

（4）适口性强　通过饲料种类的筛选保证品质新鲜，同时精细的加工用来增强饲料的适口性。如发现种貂食欲不佳，应马上查明原因，及时调整。饲料的加工调制要加倍精心，保证饲料品质新鲜，各种饲料称量要准确，添加饲料要搅拌均匀。添加维生素制剂可滴加在每个种貂饲料的上面，以保证种貂需要量。要重视饲料室的卫生管理，加工器械及时洗刷消毒，防止病原微生物的污染。

（5）供给清洁饮水　每平方米的水貂体表面积需要水 1 435 g，水貂从饮水中得到的水占 14%，从饲料中得到的水占 66%，另外的 20% 来自蛋白质、脂肪、碳水化合物分解。水在消化道中主要是由大肠吸收，只有少量的水从粪便中排出体外，供给清洁的饮水不仅是维持生命的正常代谢需要，还是促进排泄、防止传染病的有效措施，应加以重视。

三、妊娠期的管理

1. 创造安静的生活环境　水貂进入妊娠期以后，行为变得安稳，经常仰卧于笼网上晒太阳，喜静厌惊。此时应防止外界干扰，嘈杂的噪声会影响胎儿的生长发育，突然的惊响会引起母貂应激反应，严重的可引起流产。应尽量给妊娠母貂营造一个安静舒适的环境条件。应尽量避免大的声响或噪声刺激，谢绝外来人员参观。

母貂妊娠期间谢绝参观是预防传染病的措施之一。特别是在春季，气温不稳定，流感病毒、巴氏杆菌、多杀性巴氏杆菌及痘病毒等都可能随着外来进出人员传染给水貂。

2. 加强对妊娠母貂的观察　饲养人员进入场内工作的第一件事，就是对全群母貂逐一地观察。查看母貂采食、饮水情况，以判断其食欲、排便情况和精神状况等是否正常，及时发现患病母貂。如出现异常现象，应查找原因并对症处理。如母貂普遍出现异常情况，应及时报告，马上采取相应的技术措施。

妊娠母貂应严防出现消化不良和肠炎症状，即使有轻微的苗头，也不能掉以轻心。

3. 继续控制种母貂的繁殖体况　妊娠期必须分阶段地控制种母貂体况，4月上旬前仍维持配种体况，即寒冷地区（北纬 40°以南）维持中等略偏下的体况；至临产前维持中等或略偏上的体况，切忌在临产前把妊娠母貂养成上等体况，否则将导致胎儿发育大小不均，难产增多，母貂产后无乳或缺乳，严重影响产仔和仔貂成活。

4. 适当地增加光照　妊娠期已转入长日照时期，此时适当延长光照时间或增加光度，对水貂繁殖是有利的。光通过视神经发射到大脑中枢后，能增加下丘脑促黄体释放激素的活性，促进垂体促黄体激素的分泌，增加卵巢黄体孕酮的产生和分泌，促进胚泡极早着床发育，起到缩短妊娠期、提高产仔率的作用。

在水貂生产中，人工控制光照具有非常重要的意义。在自然条件下，水貂一年生产周期为 360 d，包括生殖系统发育成熟 160 d、配种 20 d、妊娠 40 d、产仔泌乳 50 d、种貂恢复和仔貂育成 90 d。这个周期是以秋分划分的。如果模拟自然日照周期的变化规律，采取人工控制光照的措施，提前 70 d 即在 7 月 15 日给予水貂"秋分"的信号，并按照预定方案继续控光，上述各阶段都会依次提前，最后完成这个生产周期的时间可以缩短为 290 d。如果在以后的每个生产周期都给予"秋分"信号继续控光，那么会在 4 个生产年度之内完成 5 个生产周期，从而多获得一个生产周期的经济效益。

提前给予水貂"秋分"信号，并继续控光，实际上是把仔貂育成同冬毛生长期和准备配种前半期重叠起来，在饲养上必须给予丰富的饲养条件以满足营养需要。

5. 做好记录　记录母貂体况、最后一次交配时间、公貂品种、外表特点、体重、体长、食料量，母貂饲养的笼舍编排号码、采食量等。

第四节　产仔哺乳期饲养管理

母貂产仔至仔貂断乳分窝为产仔哺乳期，此期饲养管理的任务是确保仔貂成活及正常的生长发育，取得良好的生产效益及经济效益。在饲养方面要保证全价营养，使母貂分泌足够的乳汁；在管理方面要创造良好、舒适、安静的环境。本节将从以下几个方面介绍泌乳期水貂的饲养管理。

一、产仔泌乳期的饲养

1. 饮水　水占水貂体重的 2/3，是乳汁中含量最高的成分。为了保证水貂正常泌乳，需供给大量饮水。实践证明，水貂的泌乳与饮水成正相关关系，即饮水量正常的水貂，泌乳能力就强。在泌乳期间保证水貂充足的饮水是调节水貂正常代谢、增加泌乳量的重要条件。

2. 日粮配合　哺乳期母貂新陈代谢加快，营养需求和体内消耗增加。为了保证母貂身体健康和乳汁质量，日粮配制必须具备营养丰富、多样，饲料新鲜、适口，易于消化等特点，否则容易导致母貂拒食，致使母貂泌乳量减少，威胁仔貂成活。为了促进母貂泌乳量，应在饲料中适当增加鱼、肉、肝、蛋、乳等，动物饲料与谷物饲料比例可为 8∶2，蔬菜可以不添加，用多种维生素作为补充。另外，每只母貂的日粮还应添加鱼肝油 1～1.5 g，酵母 6～8 g，骨粉 1 g，食盐 0.6 g，维生素 20～30 mg，日粮蛋白质含量应达到 30～40 g。饲喂时，要按产期早晚，仔貂多寡，合理分配饲料，切忌一律平均。

二、产仔泌乳期的管理

1. 母貂的管理

（1）保持安静　产仔期必须保持安静，勿使母貂受惊，以免引起流产或影响对仔貂的护理。要谢绝外人参观，不要在附近造成大的声响，防止畜禽进入棚舍。切莫随意惊扰母貂，饲喂操作时应小心谨慎。

（2）精心护理　母貂临近产仔期时，饲养人员应昼夜值班观察倾听，通过窝箱内仔貂的叫声和笼下母貂排出的胎便，及时发现母貂产仔，做好记录。仔貂若落地冻僵，应将其拾起擦掉鼻孔和口腔上的黏液，揣在怀里 10～20 min，一般可复苏。当母貂难产时，可注射垂体后叶素 0.2 mL 催产，2 h 后仍不分娩，应施行剖腹取胎手术。如果产出一半而胎儿不下，可将母貂仰卧保定，随其分娩动作，人工将仔貂慢慢提出（切忌强拉，以防扯断脐带或子宫脱出）。擦净仔貂鼻孔和口腔上的黏液，轻轻摩擦仔貂身体，促进血液循环，3～5 min后仔貂大多可以救活。

（3）催乳　对产后缺乳、少乳或无乳的母貂，应进行药物催乳，中药催乳药方如下（5 次用量）：王不留行 15 g、党参 15 g、黄芪 12 g、熟地 15 g、通草

8 g。用法：将上述中药加清水 1 500 mL，微火煎至剩 1 000 mL，滤去药渣，将药汁拌入饲料中饲喂母貂。

（4）及时检查　一般在母貂产后 4～6 h 检查窝产仔数、有无死亡、仔貂的健康状况、吮乳情况，并注意窝形及母性（以后每天检查 1 次）。健康仔貂叫声尖而短，体躯丰满红润，握在手中挣扎有力；弱仔叫声长而沙哑，体躯瘦瘪，握在手中挣扎无力。对虚弱或吃不上奶的仔貂，应及时采取强迫哺乳或人工滴喂等护理措施。一旦发现母貂缺乳，应改善母貂的日粮或注射促甲状腺素释放素，或调出部分仔貂由其他母貂代养。检查仔貂动作要轻快，不要破坏窝形。检查人员的手不能带有香皂、护手霜、香烟等异味，可用母貂窝箱中的垫草搓手，防止母貂弃仔或将其咬伤。

（5）防寒保暖　产仔期时，气候变化无常，大多数地区气温较低，仔貂尚未形成体温调节机能，要做好防寒保暖工作。窝箱内垫草应充足，箱壁不能透风，遇风雨天应在窝箱上加盖草帘。入冬前，要修整好貂舍，把漏风的部位堵严，防止贼风袭击。

（6）注意卫生　仔貂采食后（20 日龄后），母貂常往窝箱里叼饲料饲喂仔貂，此时天气已经变暖，各种微生物易于繁殖，必须搞好窝箱的卫生工作。饲养人员要及时清除窝箱里的粪便、剩食，经常更换垫草，使窝箱保持干燥清洁。同时，也要注意食具和环境的卫生，防止疾病发生，提高仔貂的成活率。

2. 仔貂护理

① 笼底发现油黑色胎便后（一般在产后 4 h）即可检查仔貂。检查项目主要包括有无脐带与垫草缠结现象、产仔貂数量、仔貂吃奶情况、有无红爪病等。对发生脐带缠结的要及时剪断，发现红爪病，用注射针头在仔貂嘴角处滴 2～3 滴维生素液，连续治疗 3 d；若仔貂数量过多可考虑代养。以后以听为主，避免频繁检查。如果听到仔貂叫声短促有力，说明母貂乳量充足，仔貂发育正常，近日内不必再检查。发现仔貂叫声嘶哑、拉长、无力，说明乳量不足，或母貂护理不好，应采取给母貂催乳或往外代养的方法来挽救。发现掉地的仔貂，应将其揣在怀中以提高体温；胎膜未破的要撕破胎膜。

② 仔貂依靠母乳和补饲生存。水貂初乳中含有不同于常乳的各种免疫球蛋白和无机盐，是初生仔貂的先天抗体。抓好初乳关，是提高仔貂成活率的关键。尤其在仔貂出生后的 1～3 d 内非常重要。这时应适时做好检查，发现吃不上初乳的仔貂要尽快查明原因，妥善处理。母貂分娩 3 周后，如泌乳量不能

满足仔貂生长发育需要，应让仔貂采食，刚开始可喂给少量饲料，以防仔貂不吮乳，造成母貂乳房炎，随着仔貂的生长可逐渐增加补饲量。有研究报道，1～10 日龄仔貂日平均耗乳量为 4.1 g，10～20 日龄仔貂为 5.3 g，保证产仔母貂的营养需要和乳汁的质量，对仔貂的成活起着至关重要的作用。乳汁中氨基酸对仔貂身体生长非常重要，产后 1～4 周内母貂乳汁化学成分如下：水78%，蛋白质 7.5%，脂肪 8.5%，碳水化合物 5%，乳汁中含量较多的氨基酸是谷氨酸、亮氨酸和天门冬氨酸，约占氨基酸总量的 44%。支链氨基酸含量高于 20%，含硫氨基酸含量少于 5%。大多数氨基酸的利用率受仔貂日龄的影响。

③ 对于刚出生吃不上初乳的仔貂，可以用巴氏杀菌消毒的牛奶或羊奶，加少许鱼肝油临时喂给，要尽快送给有奶的母貂抚养。家畜常乳缺少水貂初乳中所含的球蛋白、清蛋白、维生素 A 和维生素 C、镁盐、卵磷脂、酶、抗体、溶菌素等多种复杂成分，单纯依靠牛、羊乳仔貂不易成活。

④ 母貂产仔多，母乳不足以喂养所有仔貂，或是母貂母性不强、护理仔貂不周、母貂患病，要找母乳多、母性好且有能力喂养其他仔貂的母貂代养仔貂。母貂代养仔貂的原则：找产期相近、仔貂大小相似的其他母貂代养。代养大的、发育强壮的仔貂。找母性强、无吃仔恶癖、乳量充足、产仔少（1～4只）母貂。代养时，可以把乳母引出小室，把被代养仔貂与原窝仔貂混在一起在手中摇摇，直接放入窝中；也可将被代养仔貂涂上乳母粪便，放在小室进口处，母貂听到仔貂叫声后，即可将仔貂叼回小室。代养后要注意听、检，发现异常，要及时处理。

⑤ 仔貂采食饲料后，喂给的日粮量应视不同产窝中仔貂的数量和日龄的差别分别投喂不同的量。注意不要一日多次饲喂，防止仔貂吃饱而不吃奶，造成母貂胀奶拒绝护理仔貂。

⑥ 利用仔貂极大的早期生长潜力，采用早期补饲技术，对提高仔貂生长性能、增加皮张尺码具有重要的意义。对仔貂进行补饲，可以提高仔貂成活率，加快仔貂体质发育，减少种母貂发病和死亡率，加快母貂体质恢复等。根据水貂的生长发育特点，20～25 日龄时给仔貂补饲流食，将牛奶和熟蛋黄配制成稀饲料，到 25 日龄时开始饲喂由牛肉和黄花鱼配制成的比之前略稠一些的饲料，待仔貂慢慢适应饲料后，在饲料中增加膨化玉米和预混料，一直饲喂到断奶分窝。研究结果表明，早期补饲可显著增加 35 日龄仔公貂体重，极显

著增加 40 日龄和 45 日龄仔公貂体重。

第五节　育成期饲养管理

幼貂指断奶分窝后的仔貂，幼貂育成期指仔貂断奶分窝后到季节毛皮成熟这段时间。一般在正常饲养情况下，幼貂生长期从 5 月下旬或 6 月上旬到 9 月中下旬。加强生长期幼貂的饲养管理是提高养貂经济效益的重要阶段。

一、幼貂生长期的饲养

仔貂 40～45 日龄断奶。断奶最佳时期以仔貂颈部长出针毛为准，不要过早或过晚。过早断奶，会影响仔貂发育，过晚会影响母貂体质恢复。仔貂断奶要依据仔貂生长发育的实际情况而定，有集中断奶法、分批断奶法和母离仔断奶法。幼貂断奶一次全部分出，把体型大的 2～3 只放在同一笼中饲养，把体型小的放在同一笼饲养，饲养 1 d 左右再进行单笼饲养，让仔貂逐步适应独立生活。分批断奶法即对发育不匀、常咬架、抢食的仔貂，根据体型大小和采食能力强弱分批断奶。将能独立生活的仔貂先分出，把发育差、较弱的仔貂留在母貂笼内饲养，直到能独立生活后，再分窝。

仔貂及时分窝有利于仔貂的生长，可确保母貂身体健康。分窝时间一般在 6 月上旬。分窝前，将所要使用的笼箱提前进行 1 次检查，坏笼网要进行修补，各种设备准备充足，进行药物消毒后再进行分窝。当仔貂的体重达到 350～400 g、完全具备独立生活的能力时，可再次分窝，1 个笼饲养 1 只貂。

幼貂生长期的饲养管理就是要实现让全群水貂都能达到其遗传性所规定的体型与毛皮质量，获得皮张大、质量好的毛皮，与此同时培育出优良的种貂。幼貂的饲养管理水平，直接影响养殖企业（户）当年的养貂收入及下一年的再生产。从 5 月下旬至 9 月上旬，幼貂处在快速生长发育阶段，此时幼貂的新陈代谢非常旺盛，营养消耗量大，体重增长快。幼貂代谢的特点是同化作用大于异化作用。50～60 日龄，幼貂生长发育极为迅速，此期是决定水貂体型大小的关键时期，要不断增加饲料量，能吃多少就供给多少，公貂的饲料量比母貂饲料量多 30％～50％，个别发育较差的幼貂要给予照顾。育成前期饲料加工要细，浓度要适宜。每天饲喂 3～4 次，早晚饲喂的间隔要尽量长一些，每次饲喂时，饲料以不剩食为原则。如果吃不完，应及时撤出食具，这是育成期减少发病和死亡的有效措施。为保证幼貂的生长发育，日粮中动物性饲料，如鱼类、畜禽内脏及下脚料、鱼粉、鲜骨粉等不低于 65%，谷物饲料可占 20%～23%，适当提高新鲜蔬菜的用量，还应加喂维生素、微量元素添加剂，每天每只 0.5～0.75 mg，或补喂鱼肝油 0.5～1 mL、酵母 4～5 g、骨粉 0.5～1 g、维生素 E 2.5 mg、饲用土霉素 11.5 g，总饲料量由每天每只 200 g 逐步增至 350 g，蛋白质含量要达到 25 g 以上。7 月中、下旬幼貂的体长接近于成年貂。60～90 日龄，外界天气炎热，水貂的食欲会有所下降，生长发育开始变慢；此期日粮要保持稳定，注意采用一些营养价值较低的鱼类饲料，并适当提高谷物和蔬菜类饲料的比例，以达到降低饲料成本的目的。饲料的调制应当稍稀，以预防水貂黄脂肪病和胃肠疾病等的发生，还必须做到定期投喂维生素 E（每天每只 35 mg）、维生素 B_1（每天每只 2～3 mg）、土霉素（每天每只 0.03～0.05 g）。90～110 日龄即 9 月上、中旬，水貂的皮肤内形成冬季胚胎毛，水貂的食欲开始变好。110～130 日龄即 9 月下旬到 10 月上旬，水貂的冬毛已长出，夏毛脱落，水貂的生殖系统开始发育。

二、幼貂生长期的管理

幼貂生长期要经历夏、秋、冬三个季节，此期在幼貂的管理上是十分复杂的。饲养人员必须认真做好管理上的各项工作。

1. 幼貂营养需要特点　育成期由于营养物质和能量在体内以动态平衡的方式积累，使机体组织细胞在数量上迅速增加，幼貂生长发育迅速，尤其是 40～80 日龄，是生长发育最快的阶段。体重在 45～75 日龄增加最快，到 150 日龄基本稳定。

育成前期是幼貂机体组织细胞在数量上迅速增加的阶段，对构成水貂机体组织的主要成分——蛋白质的需要十分迫切。要保证蛋白质的营养需要，并保持蛋白质与能量的合理比例。应杜绝能量与蛋白质比例趋高的现象，能量偏高，会影响幼貂的采食量，最终造成蛋白质的摄入不足，影响幼貂生长发育。7—10 月，水貂每千克体重每日需要可消化蛋白质约 30 g，其中主要是与生长发育有密切关系的一些必需氨基酸，如组氨酸、赖氨酸、蛋氨酸、苯丙氨酸、色氨酸、异亮氨酸等。

幼貂的新陈代谢（包括热能代谢）十分旺盛，对生物氧化的主要燃料碳水化合物和脂肪的需要也比较迫切。这两种营养供应充足，对构成机体组织、促

进生长发育有重要作用，还能在一定程度上节省蛋白质作为能量的消耗。如果供应不足，会有更多的蛋白质作为机体氧化的燃料被消耗掉。

幼貂育成期体重增长最快的部分是骨骼，初生水貂骨骼占体重的16％，4月龄时占10.1％，7月龄时占5％左右。骨骼中含钙约36％，磷17％，镁0.8％。骨骼迅速生长，对钙、磷、镁等矿物质的需要也大于其他生物学时期。此期，对与蛋白质、脂肪、碳水化合物和矿物质代谢有密切关系的维生素A、B族维生素和维生素C（尤其是B族维生素）的需要量也应相应增加。另外，育成期正值夏季，天气炎热，饲料易氧化腐败，所以还应增加维生素E的供应。幼貂育成期日粮的营养标准见表6-1。

表6-1　幼貂育成期日粮的营养标准

热量 （MJ）	可消化营养（g）			维生素					
	蛋白质	脂肪	碳水化 合物	维生素A （IU）	维生素D （IU）	维生素B_1 （mg）	维生素B_2 （mg）	维生素E （mg）	维生素C （mg）
0.25～0.35	30～35	13～16	20	1 500	200	3	0.5	5	20

2. 幼貂生长前期的管理

（1）训练幼貂养成在笼网前部排泄粪尿的习惯　分窝幼貂从单笼饲养开始，应将粪便撮起一点，抹在其笼网的前部或前角处，这样分入该笼的幼貂就会把这个区域当"厕所"，养成在此处排泄粪尿的习惯。如个别幼貂仍在小室内便溺时，可将小室内粪便多撮一些放在笼网的前部，并关闭小室门2～3 d，待其养成室外便溺习惯后，再把小室门打开。同时要加强室内外的卫生清扫工作，要求做到小室内外每日打扫一次，注意消灭蚊蝇，垫草要保持清洁干燥，一般到6月可撤除垫草。对于体弱和断奶晚的仔貂，可适当延长室内的垫草时间。

（2）埋植激素　结合幼貂断乳分窝，对母貂和幼貂进行全年第一次选种工作。选留的后备种貂，要集中在一起，以便入秋前后进行复选。被淘汰的母貂在6月、幼貂在7月上旬及时埋植褪黑激素，以便促进冬毛生长期提前在9月上旬至10月中旬成熟，提前取皮。埋植褪黑激素以后，水貂变得贪吃贪睡。要保证其饲料供应，加强笼舍的卫生管理，发现毛绒沾污或缠结，要及时活体梳毛，注意毛皮提前早熟的情况，成熟后及时取皮。

（3）适时接种疫苗　在幼貂断乳分窝第15～21天及时接种犬瘟热、病毒性肠炎和脑炎等疫苗，预防以上几种传染病的发生。疫苗的接种时间不宜过早，因仔貂哺乳期间从乳汁中获得了母源抗体，接种过早会中和疫苗（抗原）而降低疫苗的免疫作用；也不宜接种过晚，仔貂断乳 3 周后体内的母源抗体就会消失，如不及时接种疫苗，就会产生免疫的空档，容易感染疾病。

（4）饲料加工及饲料用具要卫生，预防疾病发生　幼貂育成期正是炎热的夏季，病原微生物活动猖獗，搞好饲料室、饲料加工和饲养用具的卫生尤为重要，把住病从口入关。夏季的水盒容易滋生绿苔，应随时洗刷干净，保证清洁饮水。遇有阴天或天气突变时，要注意观察水貂群体动态，及时发现病貂，及时治疗。

（5）防止幼貂中暑，减少高温对幼貂生长发育的抑制　夏季阳光直射幼貂头部，会使其头部温度过高而产生日射病，也会因气温过高导致幼貂体热交换受阻，导致热射病。热射病和日射病统称中暑，中暑幼貂的死亡率极高。为防止幼貂中暑，必须做好笼舍的遮阴工作，有铁网盖的小室可打开小室通风。在午间最热的时候，要向貂舍内和地面上洒水，通过水分蒸发防暑降温。夏季要增加饮水次数，保证水盒中不至于缺水，饮水不足会加剧中暑的发生。要注意饮水的清洁，也可供水貂洗澡散热，笼内加放水盆更好。

夏季高温除了容易使幼貂中暑外，还会抑制幼貂的食欲，减少采食量而影响生长发育。因此，除采取防暑降温的有效措施外，还应把早、晚喂食的时间尽量拉长一些，赶在凉爽的清晨和傍晚饲喂。早食饲喂完 1 h 后，要及时将剩食清理出来，以防饲料变质。幼貂断乳后，要注意预防胃肠炎和黄脂肪病的发生。

（6）抓住良机，复选种貂　进入 8 月幼貂便开始脱夏毛，生长冬季毛被。9 月下旬至 10 月上旬即秋分以后正是水貂毛被脱换的最明显时期，也正是复选种貂的最佳时期。种貂换毛的早迟和冬毛成熟的快慢，与翌年的繁殖直接相关。应抓住这个良机，复选种貂，选择对光照周期变化敏感性强的个体留作种貂。复选以后的种貂应进行阿留申病的检疫和疫苗接种，转入种貂准备配种期的饲养管理，被淘汰的幼貂转入冬毛生长期的饲养管理。

（7）定期抽检体尺，考察饲养效果　每月月末采取随机抽样的方法测量一部分幼貂的体重和体长，检查幼貂生长发育情况。如体重和体长达不到要求，应及时查明原因，改善饲养管理条件。除此之外，还应特别注意垫草的管理，垫草不仅可以防寒、防潮、减少疾病的发生，更重要的是垫草能经常梳理被毛，对防止毛绒缠结、提高毛皮质量具有重要的作用。粪便和剩食等很容易沾

污水貂的被毛，易使水貂毛绒缠结。

第六节 恢复期饲养管理

公貂从配种结束到9月中旬（除特殊用途，公貂配种结束随即淘汰），母貂从断奶分窝到9月初，是水貂恢复期。此期水貂机体需要营养物质较少，饲养管理往往被饲养者所忽视，若饲养管理不佳，将直接关系到第二年的生产。

一、恢复期种公貂的饲养管理

1. 恢复期种公貂的饲养 公貂配种结束后，体力消耗很大，肥度下降，应在此阶段补充营养，使其尽快恢复体质，不可忽视对公貂的饲养管理工作。若此时公貂营养不足，体质恢复较慢，则易引起疾病而造成死亡或换毛慢，在第二年生产中公貂发情迟缓、发情不集中、性欲减退以及配种次数少，致使母貂空怀率高和胎产仔数少等。公貂配种结束后20 d，应饲喂配种期或母貂妊娠期的饲料，保持供给清洁的饮水，待其体况恢复后再转为一般饲养管理。

在饲料种类上，应减少蛋白质、能量的供应量，使蛋白质和能量水平维持在较低的状态。饲料中可以逐步减少鸡蛋、鱼粉等优质蛋白原料的用量，逐渐使用肉松粉、生物蛋白、肉粉、血粉等价格便宜的动物性饲料原料；在能量饲料方面，油脂可以逐步减少，糠麸类低成本、低营养成分的饲料原料用量应逐步增加，以免恢复期长得过肥。

2. 恢复期种公貂的管理 对于完成配种任务的种公貂，除日常的饲养管理外，还要做好以下6个方面的工作。

① 加强卫生防疫，各种用具以及饲养环境要清洁卫生，饲料原料以及加工环境要清洁卫生。

② 保证饮水，特别是在炎热的夏天，一定要提供清洁、充足的饮水。在特别炎热的夏季，可以在饮水中添加十滴水、维生素C酯、西瓜皮等，减小热应激。

③ 注意夏天的防暑降温工作，注意遮蔽阳光，防止阳光直射。

④ 防寒保暖，在寒冷地区，冬季到来较早，要注意防寒。

⑤ 避免无意识地人为增减光照，严禁随意开灯或遮光，避免因光照的变化引起发情周期的变化。

⑥ 搞好梳毛工作，对于配种能力差、精液品质不良、失去种用价值准备淘汰的公貂，在长绒季节如果有毛绒缠结现象，要做好梳理工作，以免影响毛皮质量。

二、恢复期种母貂的饲养管理

从配种结束至仔貂的断乳分窝，一般要经历近 3 个月时间。经过妊娠、产仔和哺乳的母貂，体力和营养消耗很大，体况下降，体质消瘦，抗病力降低，易发生各种疾病。断乳后的前几天应减少饲喂量，以防止母貂乳房炎的发生。为使母貂较早恢复，断乳后母貂的日粮可维持哺乳后期的营养水平，待食欲和体况有所恢复后再改用维持期饲料，经 20 d 左右母貂体况逐渐恢复后再转为一般性饲养，其日粮与公貂相同。

第七节　冬毛生长期饲养管理

根据水貂不同时期的生理特点、繁殖情况、生长发育和换毛规律，结合多年的生产实践，将 9 月 21 日至 1 月 15 日称为冬毛生长期。进入冬毛生长期后，水貂由主要生长骨骼和身体转为主要生长肌肉和沉积脂肪，伴随秋分以后光照周期的变化，开始慢慢脱掉夏毛，长出浓密的冬毛，同时生殖器官开始缓慢发育。此期要进行鉴定挑选，分成种貂和取皮貂两大群分别饲养。

一、冬毛生长期的饲养

冬毛生长期是水貂毛皮快速生长时期，新陈代谢水平仍较高，为满足肌肉等生长，蛋白质水平仍呈正平衡状态，继续沉积。此期蛋白质饲料除满足身体需要外，还应保证氨基酸要全价，尤其是对毛绒有利的必需氨基酸。含硫氨基酸是水貂生长的主要限制因素，日粮蛋白要保证充足的含硫必需氨基酸（蛋氨酸、胱氨酸和半胱氨酸）的供应。含硫氨基酸是构成被毛角蛋白必不可少的成分，水貂被毛中蛋白质含量占胴体沉积的 7%～12%，其中胱氨酸沉积量占 60%，表明水貂冬毛生长期对胱氨酸的需求非常高。蛋氨酸可部分代替胱氨酸作为水貂机体胱氨酸的沉积来源。其他非必需氨基酸也不能短缺，以保证水貂毛皮生长发育的营养需要。饲料中含硫氨基酸的蛋白质缺乏会造成夏毛脱换不净，毛绒粗糙，腹毛无弹性，毛被薄，无光泽，严重时还会引起毛峰不直或毛绒勾曲，降级降价。在动物性饲料减少的前提下每天每只水貂加喂 1 g 蛋氨酸。

毛绒生长期热量消耗高，日粮除满足蛋白需要量外，还要增喂含脂肪高的饲料。增加含脂肪、糖类饲料，有利于水貂生长，扩大皮张面积，增加毛皮的光泽度；取皮貂的饲养不需要控制体况，以偏肥为好。日粮中谷物饲料应比种貂提高 1/3，热量 $(1.13\sim1.46)\times10^{-3}$ MJ。选用含脂率比较高的动物性饲料，使脂肪饲料在饲料中的含量达到 50%，糖类达到 30%。如饲料组成中脂肪含量仍不足，可另外添加羊脂、棉籽油等，最好是动物性脂肪和植物性油脂混合后添加，以保证水貂饲料中脂肪酸的全价营养。

矿物质和多种维生素是水貂不可缺少的补充饲料。饲料中矿物质和维生素添加量见表 6-2。饲料中加喂维生素 B_2、黑豆粉、芝麻油渣等营养物质，有利于毛色素的形成，使毛绒色泽好，针毛有亮度。微量元素铜是毛皮色素形成和纤维角质化中必不可少的成分，缺铜容易导致被毛色泽减退甚至脱色；水貂对维生素的合成能力低，缺乏会明显降低繁殖力和生命力，必须在饲料中补加。

表 6-2　冬毛生长期每天每只水貂补充饲料添加量

酵母 (g)	羽毛粉 (g)	食盐 (g)	蛋氨酸 (g)	维生素 A (IU)	维生素 E (g)	维生素 B_1 (g)	维生素 C (g)
2	2	0.2	0.3	500	5	5	12.5

此期日供给的混合饲料每只水貂不能低于 300 g，其中蛋白质含量不能少于 35 g。冬毛生长期一般每日饲喂 2 次，早晨饲喂日粮的 40%，晚上饲喂日粮的 60%。饲喂根据公、母貂体型大小、食量大小分别给食，让每只貂吃饱吃好，以不剩食为宜。此期鲜饲料的饲养标准：动物性饲料 60%~70%，包括鲜蛋或畜禽肉 30%，鲜小杂鱼或优质进口鱼粉 15%，新鲜牛、羊乳 5%（为降低成本可以不用，可用小杂鱼，各种畜禽下杂、兔副产品等多种饲料搭配使用），兔、鸡骨架 10%，畜禽血液 10%。谷物粉 20%，蔬菜 10%。饲料中脂肪含量仍不足可加植物油每只 0.5~1 g/d，也可用高温后的瘟猪肉汤拌饲料，以增加其肥度和毛绒的灵活性和光泽度，添加适量的饲料添加剂，每只貂每天添加 1 g 蛋氨酸，有利于毛绒生长。此期饲喂干粉料基本能够满足水貂营养需要，不会降低毛皮质量，也可以干粉料和鲜饲料混合饲喂。干粉料每日饲

喂量为 150～250 g，兑水后的湿料相当于 250～400 g。蛋白质含量建议为 32％，脂肪含量建议为 20％～25％，植物性饲料（豆粕、玉米粉、玉米蛋白等）建议为 20％～35％，动物性饲料（肉骨粉、羽毛粉、血粉等）建议为 50％～60％，油脂建议为 14％～17％，其他饲料添加剂和食盐为 5％左右。

二、冬毛生长期的管理

每年进入 9 月份，天气开始转凉，应做好水貂换毛期全部准备工作。首先要将水貂的笼箱进行一次检修，小室破损不能防寒保温应及时修好；再将貂舍的四周实行严密遮挡，防止西北风大雪天的侵袭。从 10 月中旬以后，种貂和皮貂分开饲养。种貂放在貂棚阳面饲养。取皮貂可按同窝所生两公或两母，或异窝所生一公一母，放在貂舍阴面一个笼内饲养；种貂放在貂舍阳面单笼饲养，增加光照以利于性器官发育。

① 防止取皮貂毛绒褪色。可在皮貂笼的上方挂上布帘，避免阳光直射造成毛绒褪色、毛皮变淡发黄，降低出售等级。

② 注意给水貂梳通毛绒，减少毛绒缠结，保持毛皮光洁。此期间水貂毛绒有大量脱落，毛绒沾上饲料，很容易造成水貂毛绒缠结，梳通不及时会影响水貂皮的质量；及时维修笼舍，防止沾染毛绒或锐利物损伤毛绒，窝箱内的钉尖和笼具上多余的铁丝，要及时去掉，防止毛皮被划破或磨损。

③ 保持窝箱清洁干燥，常换垫草，窝箱里添加垫草最好是胡麻草或乌拉草，所用的垫草必须经过碾压、日晒消毒后方能使用。给水貂添加垫草，不仅能减少水貂本身的热量消耗、节省饲料、防止感冒，而且还能起到疏毛、加快毛绒脱落的作用；应及时检查并清理笼底和小室内的剩余饲料与粪便。

④ 保证饮水充足。绒毛生长期饮水缺乏，会影响机体的代谢机能和毛绒生长。

⑤ 监察冬毛生长和成熟进度，改进对皮貂的饲养管理。从夏毛脱落开始生长冬毛，至成熟时需要 3 个月的时间。如因饲养管理不当，冬毛的成熟时间推迟，会影响皮貂及时取皮。冬毛生长期要定期检查皮貂的换毛、冬毛生长和成熟的进度情况。正常管理情况下，至 9 月下旬，除头部和尾根部外全身夏毛基本脱完；至 10 月下旬，冬毛趋于成熟；至 11 月中旬，冬毛成熟。如监察中发现冬毛生长发育速度缓慢或停滞，应及时查明原因，采取相应的改进措施。可考虑应用褪黑激素或采用控光技术使毛皮提前成熟，以减少饲料消耗和节约

人力成本。

11 月对水貂进行分级，根据水貂活体体重和水貂皮等级分类（表6-3）。毛绒平、齐、灵活，颜色纯正、光亮，背腹基本一致，针、绒毛长度比例适中，针毛覆盖绒毛好，绒毛长短适度，被毛致密者，可列为一级貂群；毛色纯正、较光亮，毛绒较空疏，两侧缺针，毛绒灵活，皮板的次要部位稍带夏毛或有轻微塌脊者，可列为二级貂群；毛色呈褐色，无光泽，有自咬、擦伤和白撮毛等为三级貂群。在此基础上，选择窝产仔数多、体型良好的留种。

表6-3　水貂皮尺码规格转换成活体重（估算）

尺码号	干皮长（cm）	公貂体重（kg）	母貂体重（kg）
000	＞89	3.04	—
00	83～89	2.58～3.04	—
0	77～83	2.12～2.58	2.10～2.53
1	71～77	1.66～2.12	1.68～2.10
2	65～71	1.20～1.66	1.25～1.68
3	59～65	0.74～1.20	0.82～1.25
4	53～59	0.28～0.74	0.39～0.82
5	＜53	＜0.28	＜0.39

第七章
保健与疾病防控

第一节 疾病诊断与治疗技术

一、疾病诊断的基本方法

疾病诊断方法主要有视诊、问诊、触诊、嗅诊、尸检以及实验室诊断。每一种方法各有其特点，反映出不同结果，将这些结果综合起来加以分析，结合实验室诊断可为最后确诊提供可参考的依据。

1. 视诊 指用肉眼直接观察病貂的整体概况或某些局部症状的方法。首先要准确地观察患貂有何异常表现，如精神状态、营养程度、呼吸表现，饮食情况、粪便颜色及形状等。继之观察患貂的头、颈、躯干、四肢、尾及皮被各部位有无异常变化。通过视诊，依据所观察到的症状，可为进一步的诊查提供重要的线索，在极个别的情况下，根据典型视诊症状可初步确诊。

2. 问诊 是以询问的方式，在检查病貂之前或检查的过程中，向有关饲养及管理人员了解病貂发病情况和经过。问诊可以为检查者提供重要的线索，使临床检查有所侧重。对所询问的结果要结合亲身检查的结果综合分析，绝不可主观片面，只凭主诉材料轻易下结论。问诊主要包括以下两个方面。

（1）病史及流行情况 主要了解发病时间、疾病表现、整个病程经过、治疗情况和效果，以及主诉人所估计到的可能致病原因。流行情况要了解附近居民区或养殖场的家畜及家禽有无疫病流行。如有禽霍乱流行时，水貂出现急性败血症死亡，可怀疑巴氏杆菌病；有犬出现急性结膜炎及肺炎、伴有呕吐和下痢、死亡时，水貂也有类似症状及脚掌肿胀，则很可能是犬瘟热病流行。

（2）病貂的饲养管理情况 对所饲喂饲料的来源及质量要全面了解，很多疾病都与饲料有直接关系。如饲料中矿物质不足可引起幼貂佝偻病；长期饲喂贮藏过久或冷冻不当而变质的高脂肪类动物性饲料，维生素 E 和 B 族维生素又补饲不足，则会发生黄脂肪病；饮水不洁，可导致大肠杆菌病和某些寄生虫病；小室垫草不足、不常更换或贼风侵入，极易使仔貂患感冒及肺炎等呼吸系统疾病。

3. 触诊　是用手的感觉检查疾病。触诊可以确定视诊所见征象的性质，补充视诊之不足。触诊可分为体表触诊和深部触诊。体表触诊可检查水貂体表温度、局部炎症、肿胀硬度和性质、心脏搏动，以及肌肉、肌腱、骨骼和关节异常等。如脓肿可通过触诊感知其柔软和波动程度；水貂黄脂肪病在鼠蹊部皮下可触摸到面团状或索状的硬脂肪块。深部触诊可检查内脏器官如胃肠及膀胱等，感知其位置、大小、形状及硬度等。如尿结石在下腹可摸到膀胱增大。

4. 嗅诊　主要应用于嗅闻病貂呼出的气体、口腔的气味、病貂分泌和排泄的带有异味的分泌物、排泄物，以及其他病理性产物。如阴道分泌物腐败臭味，可能是子宫蓄脓或胎衣滞留；犬瘟热病貂发生化脓性结膜炎、鼻炎，尤其是皮炎时，也可闻到特殊的恶心臭味。

5. 尸检　指将水貂的尸体解剖检查其内脏病理变化的一种疾病判断方法。水貂内脏器官的正常形态见表 7-1。通过解剖尸体，可以确定各内脏器官的病变，印证临床诊断的正确性。以下为剖检的准备工作、注意事项及剖检方法。

（1）剖检的准备　尸体剖检应在固定地点进行，将尸体放在容器中（最好是搪瓷盘，以便于消毒）。尸体被毛如有污染，应先用水冲洗干净。剖检者应穿工作服、胶靴，戴手套、口罩，准备好手术刀、剪子、骨钳、镊子等器械。

（2）剖检的注意事项　尸体应尽可能新鲜，最好死后立即剖检。死亡时间过长的水貂不能送检。需要送检的尸体，夏季应冷藏运送，不可冷冻。剖检后的器械、衣物、房间应及时消毒，尸体及污染物要送到固定地点深埋或者焚烧，不得随意抛弃。认真做好剖检记录。

（3）剖检方法

① 外检：观察尸体的营养状况，一般死于慢性疾病的水貂，尸体消瘦，被毛杂乱；死于急性病的水貂，尸体胖瘦正常，不会明显消瘦。在观察尸体有

无外伤、肿胀，鼠蹊部有无硬结等，若有硬结则可能是黄脂肪病。

另外，注意可视黏膜包括眼、口、鼻、肛门等的颜色。发白的是贫血的特征；发紫的是血液循环障碍导致的瘀血，如中毒、呼吸困难等；发红的是充血或者出血的症状，多是由高热或者传染病引起；发黄的多为黄脂肪病。

② 皮下检查：将水貂尸体剥皮，检查皮下脂肪的数量和颜色，正常颜色发白，黄脂肪病脂肪黄染；然后再观察有无肿、胀浸润等情况。

③ 剖腹检查：将尸体腹面向上平放，从肛门沿腹中线向上剖开，先注意有无特殊气味，如有蒜辣味提示是砷中毒，有葱味提示是磷中毒。然后再检查腹腔内有无液体，如果有大量的腹水为肝、肾慢性炎症；有内脏出血，这种情况多数是肝、脾大血管破裂造成的；如果有粪便或者食物残渣，则是胃肠穿孔破裂造成的。在产仔期死亡的母貂，应注意其子宫变化，看是否有出血情况。

④ 腹腔内脏检查：主要观察各内脏器官的大小、颜色、质地，有无出血、充血、瘀血、坏死、异物等。

先检查肾脏的包膜是否容易剥脱，包膜下有无出血、坏死，再切开肾脏观察断面皮质和髓质部，注意有无结石、寄生虫等。观察肝脏大小、颜色、硬度，注意肝小叶是否清晰，再切开肝脏观察断面。阿留申病和某些传染病肝、肾的变化较大。检查脾脏的颜色、质地、大小等，某些传染病可使脾脏高度肿胀，如炭疽等。观察膀胱内是否有尿液潴留，表面有无出血，并观察和触摸判断有无结石。观察胃肠道浆膜有无出血、破口、肿胀，再纵切肠管，观察黏膜有无出血、溃疡、内容物等，然后检查肠系膜淋巴结的大小，切开观察断面有无出血。观察子宫大小，检查内部胎儿数量、发育以及子宫黏膜情况。

⑤ 开胸检查：注意有无积液，区分胸液性质，即浆液性、纤维性或化脓性。胸壁与肺脏是否粘连，胸膜有无出血。

⑥ 胸腔内脏检查：先观察心脏的心包膜有无异常，切开心包观察心外膜有无出血，再切开各房室检查心内膜有无异常。观察肺大小、颜色和病变，把病变部分置于水中，正常肺漂浮于水面，水肿肺在水平面下，肺炎或无气肺沉于水底。检查器官和支气管黏膜，观察有无出血或者分泌物。

⑦ 脑的检查：先用剪刀把头部肌肉剥离，再用骨钳打开颅腔，露出脑，观察其颜色，有无充血、出血等。

表 7-1　水貂内脏器官的正常形态

内脏名称	颜色	长（mm）×宽（mm）	形　态
心　脏	深红	（30～35)×(23～27)	圆锥形，分左、右心房心室
肺	粉红	（50～60)×(50～60)	左肺分尖叶、膈叶，右肺分尖叶、膈叶、心叶和中间叶
肝　脏	紫红	（60～70)×(60～70)	分六叶：左、右、内、外叶，方形叶，尾状叶
肾　脏	棕褐	（25～35)×(10～15)	呈豆状，表面光滑
脾　脏	深紫	（45～70)×(15～20)	呈长扁带状
胃	灰白	（40～50)×(15～20)	呈横卧的袋状
	灰白	（1 350～1 650)×(5～8)	呈长带状
膀　胱	粉白	约 30×25	呈梨状
脑	粉白	约 50×40	分左右两半球，表面有许多沟回

6. 实验室诊断　实验室诊断的方法和内容很多，如尿常规化验、粪便检查、细菌培养、病毒培养及病理切片等。一般养貂户或小型养貂场不具备实验室条件，可以把病貂或者病料直接送往有关部门进行实验室诊断。

送检尸体应选择刚死亡或者濒临死亡的个体，将尸体装入保温箱中，放少量的冰袋，防止高温造成尸体变质。送检病料的，应将病变部分剪下，置于自封袋中，各脏器单独存放，做好记号，用放有冰袋的保温箱送检。

二、治疗技术

治疗技术主要包括抗生素疗法、磺胺类药物疗法和血清疗法等。

1. 抗生素疗法　以下为应用抗生素的注意事项。

① 严格掌握适应证。选用抗生素时，应根据实验室诊断、致病微生物的种类及其对药物的敏感性，选择对病原微生物高度敏感、临床疗效较好、不良反应较少的抗生素。

② 使用抗生素要及时，首次量可稍大些，以后用维持量，连续用到病愈后第二天为止。

③ 对较严重的疾病可采取抗生素联合疗法，如青霉素和链霉素联合应用。有的抗生素联合应用后会产生不良后果或抗药性，因此，不能随意联合使用。对抗生素有破坏作用的强酸、强碱类药物都不能与之配伍。

④ 抗生素虽然较安全，但不可随意加大药物剂量，否则，在某些情况下，能产生耐药性和毒副作用。应根据疾病的缓急、病程长短、体质强弱、年龄等适当考虑用药剂量。

2. 磺胺类药物疗法　磺胺类药抗菌谱较广，能抑制大多数革兰氏阳性及一些阴性细菌。特别是与某些抗生素联合应用疗效更为显著。以下为应用磺胺类药必须掌握的原则。

① 磺胺类药物必须早期使用，保证有足够的剂量。此类药只有在患貂体内达到足够的浓度时才能发挥药效，否则不能杀菌，反而会使细菌产生耐药性。首次口服用量应加倍，以后改为维持量。注射剂每天 2 次，连用 3～10 d。一般一个疗程为 7 d，直至临床症状消失 2～3 d 后停药。

② 磺胺类药物具有蓄积作用，长期应用易引起中毒，如肾结石、消化不良、结膜炎及白细胞减少症等。当发现有可疑现象时，必须立即停药，改用其他药物。为防止尿结石发生，常与等量碳酸氢钠配合使用。肝、肾疾病禁止使用此类药物。

在采用抗菌药物治疗时，必须同时采用其他综合疗法，如强心、补液、镇静，改善饲养管理条件，这样才能收到良好的疗效。

3. 血清疗法　是利用某些细菌或病毒免疫动物所制得的高度免疫血清，来治疗其相应疾病的方法。如用犬瘟热病毒制备的免疫血清只能用来治疗犬瘟热病，巴氏杆菌免疫血清只能治疗巴氏杆菌病。免疫血清不仅有治疗作用，在短期内还有预防作用，但应用时要先做小群试验，以防产生不良后果。

4. 给药方法　病貂诊断后，应及时给药，一般采取如下 6 种给药方法。

(1) 注射法　分为皮下注射、静脉注射和肌内注射。

① 皮下注射：将药物注入皮下，注射部位可选择皮肤疏松、皮下组织丰富、无大血管处为宜。水貂常在肩胛及腹侧进行。皮下注射不适宜用刺激性强和具有收缩血管作用的药物。注射部位消毒后，用左手拇指和食指将皮肤捏起，使之形成皱褶，右手持注射器，在皱褶底部稍斜向把针头刺入皮肤与肌肉间，将药液推入。水貂补液、血清注射等可采用此法。

② 肌内注射：选择肌肉丰满的部位注射药物，如臀部、后肢内侧、颈部均可。肌内注射的药物吸收和药物作用比较稳定，比皮下注射药物吸收得快，见效快。一些有刺激性的溶液和高渗液，适合于肌内注射，如青霉素、复合 B 族维生素等。

③ 静脉注射法：多用于急性病例及刺激性大的药物。一般在后肢隐静脉注

射。必要时可将后肢隐静脉部皮肤切开，使隐静脉暴露于外面，再进行注射。静脉注射一定要严格消毒，防止药液遗漏在血管外和注入空气。此法极少采用。

（2）自食法　是一种简便的给药方法，适用于有食欲的患貂，而且所服药物不能有特殊异味。在饲喂前将药物制成粉末，混于适口性强的饲料中，让其自食。此法对每只动物可单独饲喂，也可用大群投药。对已经不吃食的水貂，可将药物研磨成细粉末，送入病貂口内，使其食入。

（3）外敷法　是将药物直接涂于患处的皮肤上，使药物通过表皮吸收入皮肤深层发挥作用。

（4）吸入法　多用于水貂的全身麻醉。将挥发性药物通过水貂呼吸道吸入体内。

（5）直肠给药法　即把药物从水貂的肛门注入直肠，以达到治疗全身或者局部疾病的目的。此法多用于腹泻疾病的治疗、补液和麻醉等。

（6）胃管投药法　当药剂量较大、需要加大量的水，患貂食欲废绝时，可采用此法。具体方法可用一有圆孔的木条，让水貂咬住，将胃管通过小孔由口腔经食道插入胃内，另一端接上装有药液的注射器，缓缓把药液注入胃内。

第二节　疾病的预防

防疫工作是貂群健康发展、提高水貂繁殖成活率以及降低死亡率的重要保证。为此，本着防重于治的原则，特制订如下防疫技术规程。

一、消毒

消毒的目的是消除散布在外界环境中的病原体。做好日常消毒工作是搞好水貂饲养和育种的重要条件，为此，应做好如下消毒工作。

1. 外来参观人员消毒　生产区门口设有消毒槽，槽中常年存有 1∶200 浓度的菌毒敌消毒液。外来参观学习人员原则上禁止到场区，必要时，应先在消毒室用紫外线消毒全身，再在进门的消毒槽中进行鞋底消毒后方可入场。

2. 饲料加工及饲喂用具消毒　每天加工饲料及饲喂后的用具，用清水冲洗干净，然后用 5％碳酸氢钠浸泡 30 min，用清水冲洗后再用。

3. 水盒、水槽消毒　春、夏、秋季每天刷一次水盒及水槽，每周用 5％碳酸氢钠消毒 1 次，每次 30 min，再用清水冲洗后备用。

4. 畜禽下脚料消毒　选用没有腐败变质、无异味的肉食性饲料。用畜禽下脚料作为动物性饲料时，必须蒸煮熟制后方可饲喂。

5. 场地及貂笼消毒　每年在配种前、产仔前期和取完皮之后进行 3 次大规模的全场性预防消毒。场地清扫后用 1：200 的菌毒敌喷雾消毒，笼舍用火焰喷灯消毒。

6. 死貂和剖检场地消毒　病死貂尸体经检查后焚烧，深埋。剖检场地和用具每次使用完后，应彻底清扫消毒，污物焚烧后深埋，场地用 1：100 的菌毒敌消毒。

二、预防接种

预防水貂重要传染疾病的流行是搞好水貂饲养和育种的重要基础。为此，每年应对貂群做如下疫病的预防接种工作。

1. 定期接种犬瘟热疫苗　每年仔貂分窝后，于 7 月上旬和种貂一起注射犬瘟热疫苗，皮下注射，注射剂量不分大小一律 1 mL（疫苗为中国农业科学院特产研究所生产）。半年后，即翌年 1 月上旬再重复注射犬瘟热疫苗，注射途径、剂量同前。

2. 定期接种病毒性肠炎疫苗　每年仔貂分窝后和种貂于 7 月上旬注射病毒性肠炎疫苗，肌内注射，剂量不分大小一律 1 mL（疫苗为中国农业科学院特产研究所生产）。半年后即翌年 1 月上旬再重复注射犬瘟热疫苗，注射途径、剂量同前。

3. 在必要时，可考虑注射巴氏杆菌苗和肉毒梭菌苗　在进行免疫接种时，一定要严格按照使用说明去做。过期的生物制品不能用。对疫苗的保存温度不可忽视，如病毒性肠炎同源组织灭活疫苗需在 2～10 ℃ 避光下保存，犬瘟热疫苗在 −20～−15 ℃ 保存为最佳。

三、药物预防

对某些细菌性传染病，药物预防有一定的效果。现在各养殖场常在饲料中加入某些抗生素或磺胺类药控制一些传染病。如在饲料中添加呋喃唑酮（痢特灵）或土霉素等可预防水貂沙门氏菌病及大肠杆菌病。长期使用药物预防，容易产生耐药性菌株，影响防治效果。最好定期进行药物预防，同时将各种有效药物交替使用，能收到良好的效果。

四、检疫与检验

检疫与检验是水貂饲养场常规卫生制度之一，对控制水貂疫病具有重要的意义，为此，必须做好如下工作。

1. 引种检疫　凡从国内外新引进的种貂，都应在隔离场饲养观察 15～30 d，经必要的血清学检查、临床检查，同时应用左旋咪唑药物驱除体内寄生虫，剂量为 2 mg/只。确定无病后，方可混群饲养。对从国外引进水貂，要求在过去 12 个月内输出种貂的饲养场没有发生过水貂病毒性肠炎、伪狂犬病、水貂阿留申病、犬瘟热及 C 型肉毒梭菌病。输出的水貂应注射犬瘟热、病毒性肠炎疫苗，并在检疫证书上注明注射日期、注射剂量、疫苗免疫期和疫苗生产厂商。运输当中所有的饲料、垫草应来自非传染病地区，符合兽医卫生条件要求。

2. 阿留申病检验　用两种方法检验，在每年 10 月下旬把留作种用的水貂趾尖采血两份，自然沉淀析出血清后，一份做碘凝集试验（简称 IAT），1 min 后观察由凝集颗粒到凝集块者为阳性，清晰者为阴性。另一份血清用来做特异性诊断即对流免疫电泳（CIEP）检查，程序如下：配制巴比妥钠缓冲液、制备琼脂糖凝胶板，然后打孔、加样、电泳、判定结果。同时每块反应板都应设有阴、阳血清对照。判定的方法是已知抗原孔与被检血清孔之间，出现直而清晰的白色沉淀线判为阳性，没有沉淀线为阴性。

用以上两种方法检测，其中有一种方法判为阳性的水貂均不留作种用，一律到取皮期淘汰。

3. 饲料品质检验　每批饲料进场，用肉眼检查，饲料应无腐败变质，无异味，确定质量新鲜时方可入库。发现有可疑饲料时，要抽样做细菌学检查，主要检查大肠杆菌、肉毒梭菌毒素、巴氏杆菌和沙门氏菌。若饲料中含菌数量超过兽医卫生规定的标准，即不能作饲料用。另外，还需进行理化性质和毒物检查。兽医技术人员要经常测量存放粮食、蔬菜和肉食饲料场地（冷库）的温度和湿度，并观察其质量变化情况，如发现有可疑被农药等有毒物质污染时，要抽样送检（大连药品监察所）并提供有毒物质性质及含量的化验单，根据化验单结果决定饲料是否留用。

五、卫生要求

1. 饲料卫生　绝对禁止从疫区采购饲料，每进一批饲料，采集不同样品抽检，如怀疑受犬瘟热、狂犬病、伪狂犬病、鼻疽、炭疽、结核、巴氏杆菌病、肉毒梭菌病和布鲁氏菌病等疾病病原微生物污染的饲料，应做安全处理，煮沸消毒改作它用或焚烧深埋。若经检查确定没有被污染的饲料，则可以入库。

严格控制饲料腐败变质，管好贮存饲料场地的卫生。存放饲料场地应地势高燥，通风良好，排水容易，经常灭蝇灭鼠。饲料库和冷库设有专人保管，做好记录档案，门窗要严密，保安措施要配套。饲料库和冷库每年要定期消毒，严格防止贮存时间长而氧化变质的肉类饲料和任何腐败变质饲料进入日粮。

要及时清除饲料中的有害物质。肉、鱼饲料加工前要先清除杂质，如泥、沙、变质的脂肪、毒鱼，然后用清水充分冲洗，方可加工搅拌饲用。

2. 饮水卫生　定期对饮水进行卫生检查，水貂饮用水的标准必须符合人饮用水的卫生要求，对饮水用具及饮水盒定期消毒，每周用5%碳酸氢钠浸泡30 min，清洗后再用。夏季每隔2天清洗消毒1次。

3. 笼舍及场地卫生　每天清除笼子和小室内的污物。每15 d用1∶200菌毒敌消毒1次，春、秋两季用火焰喷灯消毒1次；场地尤其夏季每天用清水刷1次地面，2天清除1次粪尿，每周用浓度4%的敌百虫喷雾灭蛆、灭蝇1次，每周对场地做预防性药物消毒1次，消毒药为1∶300的菌毒敌。

4. 饲料加工车间及饲喂用具的卫生　每天加工饲料后，所有的机械设备和地面要冲洗干净，夏秋季节每周用浓度4%的敌百虫喷雾灭虫1次。整个车间房舍、设备及饲喂用具2 d进行1次预防性消毒，消毒药为1∶300的菌毒敌。饲喂用具每天清洗2次，做到干净无污物，必要时煮沸消毒。

5. 管好垫草的卫生　不要从与水貂有共同传染病污染的地区进草，进草前或进草后发现发霉腐烂都不能用，特别注意在雨季的保管，防止雨水淋浸和霉变。

六、扑灭传染病措施

传染病的流行会给水貂饲养场造成很大经济损失，貂群一旦发生传染病，应立即采取措施切断传染源，及时有效控制传染病蔓延和水貂死亡，使疫情控制在最小范围内。

1. 隔离　隔离病貂和疑似感染的病貂。应逐只检查，必要时可进行血清学及其他特异性诊断。根据诊查结果，可将全部受检水貂分为病貂、疑似感染貂和假定健康貂。对病貂包括典型症状或其他检查阳性貂，选择不易散播病原体、消毒处理方便的地方或笼舍进行隔离。如病貂数较多，可集中隔离在原来的笼舍里；一定要严格消毒，加强卫生和护理工作，隔离区内的用具、饲料及粪便等，未经彻底消毒处理，不能运出。疑似感染貂虽未发现任何症状，但与病貂或其污染的材料有过明显接触的，可能正处在潜伏期，有排菌（毒）的危险。应在消毒后另选笼舍将其隔离，仔细观察，出现症状的则按病貂处理，最好立即进行紧急接种或预防性治疗。健康水貂应与上述两类严格隔离饲养，加强防疫，立即进行免疫接种。

2. 封锁　当发生某些传染病如炭疽、犬瘟热时，除严格隔离病貂外，还应按规定划区封锁，并向有关兽医及行政部门报告。封锁应以早、快、严、小为原则，即在流行初期果断采取措施，严密封锁，范围不宜太大。在封锁区内，对所有水貂进行预防接种，对病貂采取治疗、扑灭等措施。当最后一只貂发病死亡后，经 15 d 不再出现该疫病发生和死亡时，方可宣布解除封锁。

3. 消毒　消毒的目的是消灭被传染源散播于外界环境中的病原体，以切断传播途径，防止疫病继续蔓延。

消毒方法有物理消毒法、生物消毒法和化学消毒法。物理消毒法如清扫、日晒、干燥及高温等；生物消毒法主要是对粪便、污水或废物作生物发酵处理；化学消毒法应用较普遍，以下为常用的化学消毒剂。

① 漂白粉：一般配成浓度 10%～20%，用以消毒饮水及粪便。因其对金属有腐蚀作用，所以不适于貂笼消毒。

② 氢氧化钠：对细菌和病毒均有强大的杀灭力，常配成浓度 1%～4%的热水溶液，用于被细菌或病毒污染的用品消毒。

③ 碳酸钠：对大多数细菌和病毒都有致死作用。常配成浓度 4%的热水溶液，用于洗刷饲料调配室、饲料加工器械、饲料用具及小室。

④ 石灰乳：用于消毒的石灰乳是生石灰 1 份，加水 1 份制成熟石灰，然后用水配成浓度 10%～20%的混悬液，用于粪便、地面的消毒。该消毒液应现用现配，易与空气中二氧化碳结合生成碳酸钙而失效。

⑤ 来苏儿：常用浓度为 3%～5%，该消毒液可用于饲料盆、饮水盒、医疗器械等的消毒。

⑥ 福尔马林：甲醛的水溶液，具有很强的消毒作用，对细菌、病毒杀灭效果好。常用浓度为 2%～4%的水溶液消毒地面、护理用具及饮食具等。

4. 杀虫灭鼠　家蝇、绿蝇和腐肉蝇及双翅类吸血昆虫是传染病的重要传播媒介。杀灭这些媒介昆虫对预防和扑灭水貂传染病有重要的意义。鼠类是水貂多种传染病传播者，如犬瘟热、出血性肺炎及沙门氏菌病。预防鼠类的滋生和活动是预防某些传染病的一项不可缺少的措施。

5. 尸体处理　患传染病的水貂尸体含有大量病原体，如不及时处理或处理不得当，可使环境受污染，致使人兽患病。因此，要严格处理尸体、污染物和粪便。不准随地剖检尸体，死亡动物尸体和污物应焚烧和深埋处理，粪便送指定地点堆放，经无害化处理后利用。

第三节　常见病及防治

一、水貂犬瘟热

水貂犬瘟热是由犬瘟热病毒引起的急性、接触性传染病，以体温升高，眼、鼻、呼吸道黏膜发炎并偶发神经症状和皮肤病变为特征的急性、热性、高度接触性传染病。断奶前后幼貂和育成貂最敏感，成年貂死亡率为 30%～50%，幼年貂高达 80%～90%，是危害我国养貂业的主要疫病之一。

【病原】犬瘟热病毒属副黏病毒科麻疹病毒属，大多呈球形，为螺旋形结构。犬瘟热病毒存在于患病貂的血液、唾液、眼鼻分泌物以及各脏器器官等。该病毒对温度和消毒药的抵抗力不强，55 ℃ 1 h，60 ℃ 30 min，即可将其杀死；对消毒药物如百毒杀、来苏儿等抵抗力弱；对干燥和低温环境有较强的抵抗力。

【流行情况】该病的主要传染源是患病水貂和犬。自然条件下犬科动物、鼬科动物、部分浣熊科和猫科动物均可感染。患病动物的鼻眼分泌物、尿、唾液、剩料、水源和笼舍用具等均可传播该病，还可通过阴道分泌物传播。

该病没有明显的季节性，一年四季均可发生。该病病程、严重程度取决于机体抵抗力、病原体毒力和貂场防疫措施。

【临床症状】该病的潜伏期为 7 d 至 3 个月不等，根据临床表现分为急性型（脑炎型）、亚急性型（混合型）、慢性型（皮肤黏膜型），三种类型之间不存在严格界限。一般情况在疫病发生初期病程较长，多为慢性型经过，不易引起重视，到病程中后期逐渐转变成急性型。

（1）急性型（脑炎型）　突然发病、翻滚、尖叫、抽搐、口吐白沫、头颈后仰或咬住笼网。数次发作之后，身体瘫痪无力，病程 1～3 d。有的仅有 1～

2 次发作，随即死亡。急性型病例发作时体温一般在 42 ℃以上。

（2）亚急性型（混合型）　病貂眼睛含泪，鼻孔湿润、流涕；随病程发展，结膜炎、鼻炎加重，脓性分泌物粘连眼睑。鼻镜干燥，呈现龟板样纹裂，鼻孔脓性分泌物增多，鼻端沾有豆腐渣样物。有的病貂鼻端、嘴周围肿胀，体温达到 41 ℃以上。病貂被毛蓬乱无光泽，精神倦怠，食欲不振甚至废绝，毛丛中散布谷糠样皮屑。少数病貂脚掌高度肿大，脚趾间溃烂。病貂散发一种特殊的腥臭味。初期排黏液性蛋清样稀便；后期大部分病貂后躯麻痹、共济失调，呈现拖拽前行，也有头部歪斜、肌群震颤现象，粪便呈现煤焦油状。病程一般为 3～10 d，极少数能够耐过存活。

（3）慢性型（皮肤炎症型）　病貂以皮肤病变为主，鼻脸部肿胀，眼睑边缘皮肤发炎、脱毛、变厚、结痂，形成眼圈。毛丛内有麸皮样皮屑。四肢脚掌肉垫增厚变硬，为正常时的 5～6 倍，又称为"硬足掌症"。病程一般 20 d 以上，部分病貂可以自愈。

【剖检症状】剖检可见肠系膜淋巴结肿胀，并常伴以脾髓增生和扁桃体红肿；胃空虚，黏膜肿胀，附有黑褐色黏液，有时出血、糜烂和溃疡；肠黏膜卡他性炎症，有坏死灶，直肠黏膜出血；肝脏暗红色充血，胆囊肿大；脾脏肿大，有暗红色出血点；肾脏被膜下出血；膀胱充血；心脏扩张，心肌扩张松弛，心外膜有散在出血点；脑出血、水肿。

【诊断】根据病史和典型症状，可作出初步诊断。也可利用犬瘟热试纸条检测，必要时可进行包涵体检查。

【防治】

（1）预防　每年全群注射两次水貂犬瘟热疫苗；发生过本病的水貂场，笼舍地而用 0.3％甲醛、3％漂白粉、3％火碱或生石灰溶液进行全面消毒；笼具用火焰杀灭病毒；食盆、饮水用具、加工饲料的用具等用火碱水消毒或高温蒸煮消毒；粪便要堆放在远离饲养场的地方进行热发酵处理，有沼气池的地方可将粪便投入池中发酵。水貂场应经常进行灭鼠、灭蝇工作。严禁猫犬进入貂场，严禁从患过该病的貂场引种，严禁患过该病的饲养场有关人员进入貂场，对于患过该病的种貂年终打皮时一律淘汰，不能留作种用。不喂变质腐败的饲料。

（2）治疗　该病没有特别有效的治疗方法。为防止继发感染，可使用抗生素类药物控制其他细菌性并发症以延缓病程。疑似病貂可采取如下措施：①抗犬瘟热血清 3～5 mL，一次皮下分点注射；②青霉素水溶液（1 IU/mL）适量，点眼或滴鼻；③土霉素 0.05 g，一次内服，2～3 次/d，连用 5～6 d。也可用卡那霉素每千克体重 7 mg、庆大霉素每千克体重 1 mg 等皮下或肌内注射，3 次/d；或用磺胺二甲氧嘧啶或复方新诺明（0.25 g/只）混料饲喂，2 次/d，连用 3～5 d。

二、病毒性肠炎

水貂病毒性肠炎是由病毒引发的急性传染病。病貂的粪便中含有灰白色的脱落肠黏膜、纤维蛋白和肠黏膜液构成的管柱状物，白细胞显著减少，胃肠黏膜呈现严重的炎性变化。

该病对幼貂危害极大，能引发很高的死亡率，流行时可造成巨大损失，是公认的危害水貂饲养业比较严重的病毒性传染病之一。患过该病自愈的幼貂，可获得长期的免疫效果。

【病原】该病的病原体是细小病毒科细小病毒属的水貂肠炎病毒。该病毒对外界的抵抗力较强，在一般环境中可存活 1 年；56 ℃条件下，0.5 小时不丧失生活力，100 ℃下可以被杀死；0.5%甲醛或者苛性钠溶液，在室温条件下 12 h 失去活力。

【流行病学】该病主要有直接或间接接触通过消化道和呼吸道传染，也可经由患病貂的粪、尿、唾液、饲料、水源、用具等传播。该病的主要传染源为病貂，耐过病毒的水貂至少带毒 1 年以上，是最危险的传染源。泛白细胞减少症的猫也可传染给貂导致肠炎发生。

在自然条件下，不同品种、年龄的水貂均易感染，幼龄水貂最敏感，危害也最重。

该病全年均可发生，多发于夏季。初春开始流行时扩散比较慢，临床症状不典型，死亡较少，呈地方性流行，慢性传染，经过一段时间毒力增强以后转为急性。特别是断奶后 2～4 周的幼龄水貂有较高的发病率和死亡率，幼貂发病率为 50%～60%，致死率 90%；成年貂发病率为 10%～30%，致死率 25%～30%。流行过病毒性肠炎的貂场如不采取措施，翌年仔貂分窝后（7 月）会再次暴发流行，造成大批仔貂死亡。

【临床症状】病毒性肠炎的潜伏期一般为 4～7 d，以 4～5 d 最多。临床上可分为超急性型、急性型和慢性型。

（1）超急性型　病貂不出现腹泻现象，食欲废绝后 12~24 h 内死亡。

（2）急性型　病貂主要症状是高热、呕吐、下痢，排出混有血液、黏液（多呈乳白色，少数为鲜红色或者红褐色乃至黄绿色）的水样粪便，或出现灰白色管状粪便。白细胞高度减少，称之为"泛白细胞症"。病貂精神沉郁，不愿活动，体温 40~40.5 ℃，食欲减少或者废绝，饮欲增强，有的出现呕吐、腹泻。呈地方性流行时一般 4~5 d 死亡。

（3）慢性型　病貂耸肩弯背，皮毛蓬乱，两眼无神、凝视，排便频繁、量少。粪便为液状，常混有血液，呈灰白色、粉红色或灰绿色，有的排除褐红色胶冻样管状物。由于下痢脱水，病貂表现极为虚弱，常常四肢伸展卧于笼内。

【病理变化】超急性和急性死亡的水貂尸体营养良好，慢性经过的水貂尸体消瘦。病变主要表现在胃肠道与肠系膜淋巴结。胃一般空虚，含有少量的出血性黏液和胆汁（黑褐色）。胃黏膜充血特别是幽门部，有的出现溃疡。肠管呈鲜红色，血管充盈，肠壁增厚，呈急性卡他性出血性肠炎症变化。肠内容物混有少量血液和纤维物质。急性病例肠内容物完全是暗红色血液。有些肠内容物呈黄绿色水样物。病程较长的一般肠管空虚，肠壁薄，肠系膜淋巴结肿大、充血、水肿，胆囊充盈。

【诊断】根据流行病学、临床症状和病理组织学变化，可作出初步诊断；也可利用水貂细小病毒性肠炎试纸条检测。

【防治】

（1）预防　预防本病最关键的是全群水貂定期接种病毒性肠炎疫苗，1 月接种种貂，6—7 月全群接种，接种 7 d 后能产生特异免疫力，这种免疫力能维持 6 个月，可保护幼貂的抗病力到出皮。

（2）治疗　对此病尚无特效药物。发生此病时常并发大肠杆菌病和沙门氏菌病，使病程加剧，可使用抗生素类药物和磺胺类药物预防和控制并发症。

三、水貂阿留申病

水貂阿留申病（ADV）是一种由阿留申病毒引起的慢性传染性疾病。这种疾病 1964 年首次发现于阿留申群岛的水貂饲养场中。

该病毒主要侵害水貂网状内皮细胞，以浆细胞弥漫性增生，产生多量 γ-球蛋白，以及持续性病毒血症为特征，伴随肾小球肾炎、动脉血管炎、卵巢和睾丸炎症等。

水貂感染后引起一定程度的死亡，更重要的是导致母貂不发情、空怀、妊娠中断、流产、死胎、感染子代，公貂精液品质低下、配种能力下降等，对生产影响极大。该病是目前业内急需解决的影响生产的重大疾病之一。

【病原】阿留申病毒是细小病毒科细小病毒属的成员之一。阿留申病毒的抵抗力很强，耐热、耐酸、耐乙醚，能在 pH 2.8～10.0 内保持活力。80 ℃下存活 1 h。置于 0.3% 甲醛溶液中，4 周才能灭活。

【流行病学】本病的主要传染源是患病貂和病毒携带貂。病毒主要以粪、尿和唾液排泄到外界环境中，在血液中也有病毒。除健康貂与病貂直接接触外，病貂污染的垫草、笼具、饲具、水盒等也是病毒传播途径。接种疫苗、外科手术、注射等如果消毒不彻底，也能造成本病的传播。同窝仔貂，母貂为阳性者，仔貂也多为阳性；与阳性貂靠近饲养的水貂多为阳性，可见该病具有垂直和水平两种传染方式。

不同年龄和性别的水貂均能感染，在秋、冬季节发病率和死亡率增加显著。因为肾脏高度受损，病貂表现饮欲增强，秋、冬季气温较低，冰块不能满足其饮水需求，导致原本衰竭的病貂在这种恶劣条件下发生大批死亡。

不良的饲养条件和其他不利因素，如寒冷、潮湿等，都能促进本病的发生和发展，导致病情加剧和恶化。

【临床症状】该病的潜伏期长。接触感染的潜伏期一般为 60～90 d，最长可达到 7～9 个月，有的病毒携带貂可以一年甚至更长时间不出现临床症状。大部分病例呈现慢性经过或者隐性感染，初期无明显症状，往往与健康貂难以区分。

（1）急性型　表现为食欲减少或丧失，精神沉郁，迅速衰竭，死前抽搐，病程约 7 d；当侵害神经系统时，伴有痉挛、共济失调、后肢麻痹等症状，病程 2～3 d。

（2）慢性型　主要表现为饮水量增加、食量减小、生长缓慢、逐渐消瘦，可见黏膜苍白、齿龈出血和溃疡，排煤焦油色粪便，最后多死于尿毒症，病程数周、数月不等。

【诊断】以血清学诊断为主，具体包括碘凝集试验（IAT）、对流免疫电泳试验（CIEP）、淋巴细胞酯酶标记和胶体金免疫层析法。

（1）碘凝集试验（IAT）　该方法是根据病貂血清中 γ-球蛋白显著增多，遇到碘试剂可以发生凝集反应的原理而设计的。该方法特异性差，结核病及其他肝、肾疾病均呈现阳性，因此该法始终未能普及。

（2）对流免疫电泳试验（CIEP）　该方法是利用特异性阿留申病毒抗原（组织抗原或细胞抗原）能与被检水貂血清中抗体进行反应的原理设计的。在电场力作用下，抗原由阴极向阳极迁移，抗体则反向运动，在琼脂糖凝胶中抗原和抗体结合成清晰的灰白色沉淀线则证明为阳性。此法是最为常用的检测方法。

（3）淋巴细胞酯酶标记　采用染色法测试 T、B 淋巴细胞数值。根据 T、B 淋巴细胞数值诊断是否感染，感染阿留申病水貂的 T、B 淋巴细胞数值明显减少。淋巴细胞酯酶标记可作为水貂阿留申病早期诊断的可靠方法。此法目前尚未推广使用。

（4）胶体金免疫层析法　胶体金免疫层析技术（GICA）是以硝酸纤维素膜为固相载体，通过毛细管作用原理，以胶体金为标记物来显示结果的一种新型的检测技术。

【防治】目前对该病没有有效的治疗方法。控制和防治该病必须采取综合性措施。①建立定期的检疫制度，仔貂分窝时进行一次检查，隔离阳性貂，种貂终选时再进行一次检查，凡阳性貂一律淘汰；②建立严格的卫生防疫制度，对患病貂的用具、笼具严格消毒，接种注射器、采血剪刀等也要严格消毒；③加强饲养管理，给予优质饲料，提高机体的抗病力。

四、伪狂犬病

伪狂犬病又称阿氏病，是多种动物共患的急性病毒性传染病，其特点是侵害中枢神经系统和皮肤瘙痒。

【病原】伪狂犬病病毒属于疱疹病毒科甲型疱疹病毒亚科异型病毒属。本病毒对外界环境的抵抗力强，在 8 ℃可存活 46 d，24 ℃可存活 30 d。在 0.5％盐酸溶液和苛性钠溶液中 3 min、5％石炭酸溶液中 2 min、2％福尔马林中 20 min 可被杀死。

【流行病学】在自然条件下，貂、狐、貉非常易感。病兽和带毒肉联厂的下脚料是该病的主要传染源。猪是该病的主要宿主，其临床症状不明显，无瘙痒和抓伤，多呈隐性经过，不易诊断。病毒侵入水貂机体的主要途径是消化道，也可经呼吸道黏膜、损伤皮肤、交配、哺乳等途径感染。该病的暴发没有明显的季节性，以夏、秋季多见。本病常呈暴发性流行，初期死亡率高。

【临床症状】水貂自然感染时潜伏期为3～6 d。本病主要表现为平衡失调，常仰卧，用前掌摩擦鼻镜、颈部、腹部，但无皮肤和皮下组织损伤。病貂拒食，精神萎靡，呼吸急促、浅表，鼻镜干燥，体温升高，狂躁不安，冲撞笼网。病貂交替出现兴奋与抑制，时而站立，时而躺倒抽搐，转圈，头稍昂起，用前爪搔挠面颊、耳朵及腹部。病貂舌麻痹、伸出口外，牙关紧闭，舌面有咬伤，口内流出大量血样黏液；有时出现呕吐和腹泻；死前发生喉麻痹，胃肠臌气；眼裂缩小、斜视，下腭不自觉地咀嚼或阵挛性收缩，后肢不全麻痹或麻痹，一般1～20 h死亡。

【诊断】根据流行病学特征性临床瘙痒症状，可作出初步诊断。结合血清学和生物学试验，可确诊。

需要注意的是，伪狂犬病与狂犬病类似，都是病毒性疾病，都有神经症状。但是伪狂犬病有瘙痒，突然发作，病程短，迅速出现大批死亡，胃肠臌气，不攻击人，不恐水等特征；狂犬病没有这些特征，呈散发性，攻击人、畜。

【防治】必须对饲料原料进行严格检查，特别是猪下脚料，应严格无害化处理后饲喂水貂。水貂可接种伪狂犬病疫苗，免疫期1年，效果好。该病尚无特效疗法。发现该病后，应立即停止饲喂被伪狂犬病病毒污染的原料，更换为新鲜、易消化、适口性强的饲料原料，同时添加抗生素防止继发感染。

五、大肠杆菌病

大肠杆菌病是由致病性大肠杆菌引起的急性、败血性传染病，以严重腹泻、胃肠炎症为特征。幼龄水貂易感，是对幼貂危害较大的细菌性传染病之一。

【病原】病原体为大肠埃希氏菌，革兰氏阴性菌。杆菌中等大小，卵圆形，有鞭毛，无荚膜和芽孢，兼性厌氧，在普通培养基上生长良好。对外界环境抵抗力较差，常用消毒药品在数分钟可将其杀死。该菌在55 ℃经1 h、60 ℃15～30 min即可被杀死。对干燥寒冷环境有一定的适应性。

【流行病学】自然条件下，各日龄阶段水貂均可发生感染，仔貂最易感。该病的主要传染途径是消化道。被污染的饲料、饮水、垫草、笼具都是不可忽视的传染源，病貂和带菌貂是主要传染源。饲喂被大肠杆菌污染的动物内脏，可引起75%的水貂仔貂和2.5%～13%的成年水貂死亡。

本病的发生和流行与温度、环境卫生关系密切。大肠杆菌是动物肠道内的正常寄居菌。当机体抵抗力下降时，处于肠道内的大肠杆菌繁殖力增强，引发疾病。饲料不全价或饲料种类急剧变化，使胃肠道消化机能失调；饲料不卫生、垫草缺乏或发霉变质，都会导致机体的抵抗力下降，导致大肠杆菌病的暴发。

【临床症状】该病的潜伏期不定，取决于动物机体的抵抗力、大肠杆菌的毒力以及饲养管理条件，一般为1～10 d。

新生患病仔貂表现不安，不断尖叫，被毛蓬乱，发育迟缓，排稀便，尾和肛门有粪便污染。轻微按摩腹部时，常从肛门排出绿色、黄绿色、褐色或浅黄色液状稀便。粪便中有未消化的凝乳块和混有血液带气泡的粪便。在出现本症状后1～2 d，仔貂精神萎靡，常躲在小室内不愿活动。母貂常把患病仔貂叼出，放到笼上。

日龄较大的仔貂，食欲下降，消瘦，活动减少，持续性腹泻。粪便呈黄色、灰白色或暗灰色，混有黏液。中毒病例排便失禁。病貂虚弱，眼窝下陷，两眼睁不圆，弓背，后肢无力，步伐摇摆，被毛无光泽。

个别仔貂出现脑炎症状，沉郁或兴奋。有食欲但吸吮力和采食能力减退或消失。病仔貂额部被毛蓬松焦燥，头盖骨异常突出或增大，触诊头盖骨没有接合。后期共济失调，精神迟钝，角膜反射迟钝，四肢不全麻痹，有的出现持续性痉挛或昏迷状态。

妊娠母貂患病时，发生大量流产和死胎。病貂精神沉郁或不安，食欲减退。

【诊断】临床症状在流行病学和病理解剖上的变化，只能作为初步诊断的依据。最后确诊需要细菌学检查。

【防治】改善饲养管理条件，严格卫生防疫制度，把住饲料关，不使用腐败变质的原料，不使用来源不明的饲料原料，尽量使用熟制的原料，调制料必须新鲜、易消化、营养全面。在产仔育成期，饲料中应添加抗生素或益生菌，预防大肠杆菌病的发生。

如果发病，应立即排除可疑病因，切断传染源，选择细菌高度敏感的药物进行全群预防和治疗。病貂可口服氯霉素0.1～0.25 g/只，或肌内注射氯霉素注射液0.3～0.5 mg/只，每天2次，疗程4 d；肌内注射庆大霉素，每天2次，每次2万～4万IU/只；或肌内注射拜有利0.15～0.2 g/只，每天1次；也可以口服喹乙醇50 mg/只，连服3 d。

六、自咬病

自咬病是水貂的一种慢性病毒病。在自然条件下，水貂、紫貂及狐等对本病较易感，没有年龄、性别之分。本病一年四季都能发生，以春、秋两季多发。

【临床症状】一般均呈慢性经过，反复发作，周期长短不一。患病水貂表现极度兴奋不安，单向转圈，自咬尾巴或臀部，发出尖叫声，啃去被毛，咬伤皮肤，撕裂肌肉，造成流血、断尾；也有的咬脚掌或腹部等处。最后，病貂多因严重外伤感染导致死亡。

【流行病学】患病母貂是主要传染源，一般不认为本病不表现接触传染。本病与饲料营养不均衡、盐分缺乏及外界刺激均有一定的联系。舍内卫生不良和饲养空间狭窄造成的水貂骚腺分泌障碍也是该病的致病因素。

【剖检】除可见咬伤部位的外伤外，没有特征性病变。组织病理学检查见有广泛性的脑膜炎变化。

【诊断】根据典型临床症状即可确诊，一般不需要其他辅助诊断。

【防治】

（1）预防　加强饲养管理，保证饲料质量及各种营养物质的适宜搭配，定期补给铬、钴、镍等多种微量元素，以维持正常的营养代谢需要。保证供给充足清洁的饮水。对病貂隔离治疗，对笼舍、地面、食具等，每周用苛性钠、高锰酸钾各消毒一次，并保持环境安静，通风良好，尽量避免外界因素的刺激。彻底淘汰病貂，切勿留种以不断净化种群。

（2）治疗　对本病目前尚无特异的治疗方法，常采取对证治疗。其原则是给予抗菌药物防止继发感染，镇静缓解，补给多种微量元素和维生素营养物质。具体方法是饲养人员保定好患貂，一人握其两后肢并稍向两侧叉开拉直，另一人用手轻轻挤压肛门两侧骚腺，使其黄色脓汁样腺体排净，然后用脱脂棉蘸取酒精涂擦肛门（包括深处）及周围咬伤部位。如在兴奋发作时可肌内注射盐酸氯丙嗪 0.5 mL 和维生素 B_1 0.5 mL，每天 2 次，持续 6 d。为防止细菌继发感染，可肌内注射青霉素、链霉素。如有化脓，应按化脓创处理。

七、坏死杆菌病

坏死杆菌病是一种侵害畜、禽和野生动物的传染病，以受伤的皮肤、皮下组织、口腔或胃肠黏膜坏死，并在内脏形成转移性的坏死灶为特征。

【病原】该病的病原为坏死杆菌，没有运动性，不形成芽孢，革兰氏阴性菌。外伤感染该菌后，其沿局部血液和淋巴结上行感染，进入血液循环转移到内脏器官，导致某器官发生炎症坏死。

该菌广泛存在于自然界，在养殖场内随处可见，健康水貂粪便中也有。该菌对理化因素的抵抗力不强，一般消毒药物均可将其杀死。

【流行病学】坏死杆菌可以侵害各种动物，养殖场的主要传染源是病貂，健康貂在很大程度上也起着散播传染源的作用。

该病可通过损伤的皮肤和黏膜传播，水貂采食患有坏死杆菌的动物肉类和副产品是导致该病的主要原因。

【临床症状】水貂发生该病一般不易被发现，食欲不佳或拒食，精神沉郁、不愿活动，一般 24 h 内死亡，呈急性经过。

【剖检】主要表现为肝脏肿大，表面散布黄白色大小不等的坏死灶。取病灶和健康交界处材料，压片、染色、镜检，可见聚集成群的长丝状坏死杆菌。

【防治】

（1）预防　严格控制饲料来源，及时维修维护饲养用具，减少发生外伤概率。不使用坏死杆菌致死的动物肉和内脏，对可疑饲料要煮熟后饲喂。

（2）治疗　对于患病水貂要及时治疗，肌内注射青霉素，每次 15 万～20 万 IU，复合 B 族维生素注射液 0.5～1.0 mL/只，每天 2 次。局部外伤可使用双氧水清创，去掉坏死组织，再用 5%高锰酸钾溶液涂布冲洗创伤。

八、结核病

结核病是人畜共患病，也是一种脊椎动物都能感染的免疫病。本病多呈慢性经过，引起内脏器官干酪化或钙化性结节。水貂主要患牛型结核病比较严重，发病急，感染率高。水貂也可患禽型结核病。

【病原】该病病原为结核分枝杆菌，包括牛型结核杆菌、禽型结核杆菌和人型结核杆菌 3 个型。毛皮动物易感牛型和禽型结核杆菌，人型结核杆菌次之。该菌为整齐直形或稍弯曲的多形杆菌，平均长 1.5～5.0 μm，宽 0.2～0.5 μm。该菌对干燥环境具有较强的抵抗力，在痰内和粪便内能存活 10 个月，对阳光和湿热敏感，在直射阳光下，几分钟至几小时内死亡，这决定于污染材料的厚度。70%的酒精和 10%漂白粉能很快杀死该菌。

【流行病学】水貂结核病在幼龄水貂中比较严重。受到结核分枝杆菌污染的肉类饲料和乳品是主要的传染源。该病一年四季均能发生，多见于夏、秋季节，特别是笼子小，饲养密集，粪便堆积，卫生条件不好，饲料不全价，寄生虫侵入，更容易引发该病。

【发病机制】水貂采食受结核分枝杆菌污染的饲料，肠道中的结核分枝杆菌侵入肠黏膜的淋巴滤泡，引起原发性病变或随淋巴循环进入各个器官，常在侵入部位发生原发性病灶，伴有特征性肉眼可见的病灶或组织变化。当侵入肺时，常在肋膜下面，大支气管处形成小结节，周围特异性肉芽组织增生，逐渐发生凝固性坏死，进而形成密集的小结节和大的病灶；在所属淋巴结内发生渗出性或慢性增生性结核性炎症。

【临床症状】水貂结核病的潜伏期为1～2周，病程一般为40～70 d。患病貂进行性消瘦，食欲减退，嗜睡，皮毛无光泽，鼻镜湿润程度变化无常。侵害肺时常见干咳，严重病例出现呼吸困难。有的病貂鼻、眼有浆液性分泌物，咽后淋巴结受到侵害时肿大，不易滑动，触摸有波动感，破溃后流出脓样黏稠液体。有的病貂常打喷嚏和响鼻，有的出现化脓性鼻漏，在鼻镜上形成淡黄色痂皮，呼吸频数、浅表。也有的病貂出现后肢麻痹。

【剖检】病貂尸僵完整，可视黏膜苍白，消瘦。病变多发于肺，在肺表面及组织深部，有肉眼可见的豌豆大小或黄豆大的散在钙化或没钙化的结节。切面有浓稠凝块和灰黄色脓样物。有的气管和支气管形成空洞。胸腔有化脓性渗出性胸膜炎，瘀积渗出物。纵隔淋巴结肿大，切面干酪样。颈淋巴结和肠系膜淋巴结结核性脓肿。

在腹壁浆膜、大网膜、肝脏、脾脏上常有结核结节。肠管黏膜上常有散在如扁豆大小的溃疡。

肾脏包膜下常见粟粒大小或高粱米粒大至黄豆粒大的灰黄色结节。慢性病例肾萎缩，结节位于深层，肾盂附近，结核病灶破溃，其内容物进入肾盂内。

侵害子宫时，在子宫角或子宫腔内，常发现圆形结核病灶，带有脓样内容物。

【诊断】该病缺乏典型的临床症状，诊断比较困难。剖检症状明显，可通过剖检和细菌学检查确诊。

【防治】发现该病立即隔离病貂，维持到取皮期，全部淘汰。绝不使用带有结核分枝杆菌的饲料原料，加强预防。对患病水貂可用异烟肼、链霉素、利福平等进行治疗。

九、出血性肺炎

出血性肺炎是由绿脓杆菌引起的一种急性传染病，又称假单胞菌病。该病以肺叶弥漫性出血为特征，常呈地方性流行，病貂死亡率较高。

【病原】该菌广泛分布于自然界，存在于人和动物的粪便内，以及水和污水中。该菌为革兰氏阴性菌，对外界的抵抗力较强，在干燥环境下可存活 9 d。对一般的消毒药敏感，0.25%的福尔马林、1%~2%的煤酚皂、0.5%~1.0%的醋酸均可迅速杀死该菌。该菌具有广泛的酶系统，能合成自身生长所需的蛋白质，不易受各种药物的影响，对常用抗生素大都不敏感。

该菌可产生绿脓杆菌素，对多种革兰氏阳性菌具有抑制和杀灭作用。

【流行病学】本病多发生于夏、秋季节，特别是换毛期，此时天气冷热变化较大，机体抵抗力下降，被污染的绒毛或者尘埃，可通过口腔和鼻腔感染。被污染的饲料、病貂的粪尿、病貂的分泌物、污染的水源和用具都是本病的传染源。

【临床症状】自然感染潜伏期一般为 19~48 h，最长 45 d，一般为急性或超急性型。死前出现食欲废绝、体温升高、鼻镜干燥、行动迟缓、流泪、流鼻液、呼吸困难。多数病貂出现腹式呼吸，并伴有异常的叫声。典型病貂咯血，鼻孔流出泡沫样血，反复痉挛之后死亡。

【诊断】根据流行病学和临床症状可初步诊断，确诊需进行细菌学检查。

【防治】对发病貂场应进行彻底的消毒；对水源进行检查，受到污染的水不能供貂饮用。易发地区可以免疫水貂出血性肺炎疫苗，预防效果较好。

在实践中使用单一抗生素效果不明显，几种抗生素联合使用效果较好。绿脓杆菌对复方新诺明、多黏霉素、硫酸妥布霉素、恩诺沙星、氧氟沙星等抗生素较为敏感，发病貂群可以按照使用说明混合投放上述药物，可起到一定效果。

十、巴氏杆菌病

巴氏杆菌病是各种畜禽和野生动物多发性的细菌性、出血性、败血性的传染病。该病分布广泛，世界各地均有发生。

【病原】该病病原是多杀性巴氏杆菌。该菌是两头钝圆、中央微凸的短杆菌，长 1~1.5 μm，宽 0.3~0.6 μm；不形成芽孢，无运动性，为革兰氏阴性菌。

该菌存在病貂的全身各组织、体液、分泌物及排泄物里。只有少数慢性病例仅存在肺的小病灶里。健康貂的上呼吸道也可能带菌。

该菌对物理和化学因素的抵抗力比较弱。在自然干燥的情况下，该菌很快死亡。日光对该菌有强烈的杀灭作用，薄菌层暴露在阳光中 10 min 即可被杀死。

除多杀性巴氏杆菌外，溶血性巴氏杆菌有时也可成为该病病原。

【流行病学】多杀性巴氏杆菌对许多动物和人均有致病性。水貂对该菌较敏感，多呈地方性流行。

饲养环境差，比如闷热、潮湿、通风不良、阴雨连绵、气候剧变、营养缺乏、饲料突变、寄生虫等诱因作用，使动物抵抗力下降时，病菌即可侵入体内。病貂由排泄物、分泌物不断排出有毒力的病菌，污染饲料、饮水、用具和外界环境，经消化道传染给健康水貂。

本病的主要传染源是患病兽、畜禽下脚料等，尤其是禽、兔的下脚料。带菌的禽、兔是该病的一个重要传染源，养殖场区不能饲养禽和兔。

【临床症状】水貂巴氏杆菌病多为超急性经过，散发病例，开始幼年水貂多发。大群水貂突然出现最急性死亡。或以神经症状开始，病貂癫痫式抽搐，尖叫，虚脱出汗而死。病貂类似感冒，不愿活动，两眼睁得不圆，体温升高，鼻镜干燥，食欲减退或者不食，饮欲增强。

（1）肺型病例　以呼吸系统症状为主，呼吸加快，心跳加快，有的病貂鼻孔有少量的血样分泌物，个别病例出现头、颈水肿，乃至出现眼球突出的异常现象。病程一般为 48～72 h，即 2～3 d 死亡。

（2）肠型病例　以消化道病变为主，病貂食欲减退，废绝，下痢，排便带血，眼球塌陷，卧在小室内不愿活动，通常在昏迷或痉挛中死去。

（3）慢性经过病例　精神不振，食欲不佳或拒食，呕吐，常卧于小室不活动。被毛欠光泽，鼻镜干燥，体温升高。触摸脚掌手感发热，排稀便，肛门附近沾有少量稀便或黏液。如不及时治疗，3～5 d 或稍长一点时间转归死亡。

【诊断】根据流行病学和病理解剖，可作出初步诊断。进一步确诊，必须进行细菌学和生物学试验。巴氏杆菌病的症状与其他传染病类似，有时是混合感染，要做好类症鉴别，要和副伤寒、犬瘟热、伪狂犬病、钩端螺旋体等传染病加以区别。

【防治】加强养殖场的卫生防疫工作，改善饲养条件。禽下脚料、兔产品、羊产品等易携带巴氏杆菌，容易引起水貂发病，最好蒸熟饲喂。注意环境的变化，阴雨连绵，秋、冬交替的时候，一定要加强管理。切忌与兔、禽等混养在一个场区内。

每年可定期注射巴氏杆菌疫苗，能收到预防本病的效果。国内外生产的巴氏杆菌疫苗免疫期都比较短，需要一年注射多次。对有病或者疑似病貂，可用大剂量的青霉素治疗，每间隔 4 h，肌内注射一次，每只每次 10 万～20 万 IU。或用拜有利注射液（肌内）每天 1 次，每千克体重注射 0.05 mL，水貂每次注射 0.05～0.1 mL；也可用环丙沙星注射液，每千克体重肌内注射 2.5～5 mg，每天 3 次。

巴氏杆菌病超急性和亚急性经过的病貂，发病急，死亡快，在临床上不易发现，同时治疗效果也不显著，在实际生产上，应采取全群预防性治疗，即有病、无病的水貂都注射青霉素，每天每只肌内注射 2 次，每次 10 万 IU，效果比较好，可控制疫情发展。口服恩诺沙星、氟哌酸、土霉素、喹乙醇、复方新诺明或增效磺胺类制剂等也有效果。另外，可使用巴氏杆菌多价血清，在大群注射前，应做安全性试验，以免大群使用出现问题。

十一、沙门氏菌病

沙门氏菌病又称副伤寒，是由沙门氏菌引起的各种家畜、家禽以及野生动物以胃肠道机能紊乱和败血症为特征的传染病。本病主要是幼兽以及禽类多发。幼兽感染此病呈急性经过，发热，下痢，体重迅速减轻。患沙门氏菌病的耐过水貂发育迟缓，毛皮质量降低。

【病原】沙门氏菌为短粗杆菌，长 1～3 μm，宽 0.4～0.6 μm，两端钝圆，不形成荚膜和芽孢，大部分沙门氏菌具有鞭毛，能运动，革兰氏染色阴性。

该菌对干燥、腐败、日光等具有一定的抵抗力，在干燥土壤和沙石内可存活 2～3 个月，在干燥的排泄物中可存活 4 年之久，60 ℃ 1 h，70 ℃ 20 min，75 ℃ 5 min 可致死。一般常用消毒药物均能杀死该菌。

【流行病学】自然条件下貂、狐、貉均易感。该病主要是通过消化道感染，被污染的动物性饲料和饮水为主要传染源。患有隐性经过沙门氏菌病的家禽肉类饲料非常危险。多数沙门氏菌为条件性致病菌，在动物的肠道内寄生，饲养管理不当、气候突变是引发该病的主要因素。感冒、饲料变化、防疫不严等都能促进该病的发生和发展。另外，仔貂换牙期、断乳期饲料质量不良等致使水貂机体的抵抗力下降时，易发生内源性感染。

流行病学调查表明，本病的发生和毛皮动物带菌有一定的关系，常呈散发流行，常见带仔母貂成窝发病。个别的养殖场沙门氏菌每年都流行一段时间，这与带菌水貂和场地污染有关。

本病有明显的季节性，多在 6—8 月暴发，常呈地方性流行。本病多由饲料引起，主要侵害 1～2 月龄的仔貂，呈急性经过。

【临床症状】自然感染潜伏期为 3～20 d，人工感染潜伏期 2～5 d。

(1) 慢性型　水貂食欲减退，消化机能紊乱，下痢，常有卡他性黏液，进行性消瘦、贫血，眼球塌陷，有时出现化脓性结膜炎，被毛松乱，无光泽。在高度衰竭时，经过 3～4 周死亡。在配种期和妊娠期发生该病时，母貂大批空怀或流产。

(2) 亚急性型　主要表现为胃肠机能高度紊乱、食欲废绝。体温升高到 40～41 ℃，精神沉郁，呼吸浅表频数。被毛松乱，眼睛下陷无神，有时出现化脓性结膜炎、黏液性化脓性鼻漏或咳嗽。病貂很快消瘦、下痢、呕吐，排水样粪便，有时混有大量胶体黏液，个别病例混有血液。病貂四肢软弱无力，站立时后肢支持不住，特别是后肢不全麻痹。一般 7～14 d 死亡。

(3) 急性型　病貂最初兴奋，不久转变为精神沉郁，食欲废绝。体温升至 41～42 ℃。病貂多卧于小室内，走动时背弓起、缓慢，两眼流泪。病貂下痢、呕吐，在昏迷状态下死亡，一般 5～10 h 或延迟 2～3 d 死亡。

【诊断】根据流行病学、临床症状和病理解剖变化，可作出初步诊断。确诊需要实验室诊断。

【防治】水貂感染沙门氏菌痊愈后，可以获得坚强的免疫力。受到沙门氏菌污染的饲料是该病的主要传染源，预防沙门氏菌主要是做好饲料和饮水卫生，防止病从口入。对于怀疑受到污染的饲料原料应进行蒸煮处理。加强妊娠期和哺乳期母貂管理，及时清理打食网和小室内的剩食，及时清理小室内的粪便。发现疑似病貂应立即隔离，对病貂的笼具要进行彻底的消毒。治愈貂仍带菌，不留患过沙门氏菌病的水貂作种貂。发病时，对病貂和疑似病貂均应立即治疗。可随饲料投服新霉素、氯霉素进行治疗，幼貂每天每只 5～10 mg，成年貂每天每只 20～30 mg，混于饲料中连用 7～10 d；也可用链霉素、四环素、磺胺二嘧啶治疗，每天每只 0.5～1 g，混入饲料内，连用 8～10 d。

十二、魏氏梭菌病

魏氏梭菌病又称肠毒血症，是由梭状芽孢杆菌属产气荚膜杆菌类的细菌引起的，经济动物及家畜均易感染的一种急性传染病，以全身毒血症、剧烈腹泻为主要特征。

【病原】魏氏梭菌为梭状芽孢杆菌属，也称产气荚膜梭菌，革兰氏阳性，为无鞭毛、不运动的大杆菌。该菌为厌氧菌，能产生强烈的外毒素，由毒素引发该病。该菌的繁殖体抵抗力不强，一般消毒药均可将其杀死。芽孢有较强的抵抗力。

【流行病学】仔貂对该病最易感。毛皮动物由于食入被该菌污染的饲料而感染。该病呈散发性或地方性流行，一年四季均可发生，在夏、秋季节多发。

【临床症状】该病多呈超急性或急性经过，流行初期病貂一般无任何症状而突然死亡。病程稍缓者可见厌食、静卧于小室内，行走无力，步态蹒跚，呕吐。粪便为液状，呈绿色并混有血液。后期病貂出现痉挛和麻痹，头震颤，在昏睡状态下死亡。

【剖检变化】皮下组织水肿，胸腔内混有血样的积液渗出。肋膜、胸膜、膈肌有出血点或出血斑。肝脏肿大、质脆，脂肪变性。肠系膜淋巴结肿大、出血。胃黏膜充血、肿胀，有溃疡面。小肠和大肠黏膜出血，偶见点状或带状出血，肠管内含血样内容物。

【诊断】根据流行病学、临床症状、剖检变化结合细菌学检查，基本可以确诊。

【防治】为预防该病的发生，要严格控制饲料污染和变质，质量不合格的饲料不能饲喂水貂。当发生该病时，应及时隔离饲养和治疗。病貂污染的笼箱用具应用1‰～2‰苛性钠溶液或甲醛溶液消毒。将粪便以及污染物送到指定地点消毒处理。

该病无特异疗法，发病急，病程短，不易发现，治疗效果不理想。为防止继发性感染可投放新霉素，按每千克体重10 mg计算，混于饲料中，连续3～4 d，可获得一定效果。

十三、钩端螺旋体病

钩端螺旋体病又称出血性黄疸，是由致病性的钩端螺旋体引起的人和动物共患的传染病。在不同地区、不同动物种类，引起该病的钩端螺旋体的群、型不同。病貂临床表现和病理变化多种多样，主要症状以短时间发热、黄疸、血尿、贫血、黏膜坏死、出血性素质、消瘦和四肢无力、妊娠母貂流产或空怀为特征。

【病原】钩端螺旋体是一种纤细的、中央有一根轴丝的、具有螺旋状结构的微生物。其对热敏感，60 ℃ 10 min 即可被杀死，干燥环境和直射光下容易死亡，对酸碱敏感，0.1％的酸类可在数分钟内将其杀死，70％的酒精、0.5％的苯酚等在 5 min 内可将其杀死。

【流行病学】钩端螺旋体广泛存在于自然界，其动物宿主非常广泛，几乎所有的温血动物均可感染。患病动物和携带该病原体的动物是该病的主要传染源。由于该病原体最终定位于肾脏，尿液在该病蔓延扩散上有着重要的作用，如尿液接触皮肤和黏膜可直接传染，尿污染饲料和饮水又可间接传染，尿污染阴道在交配时引起接触传染等。本病以消化道传染为主要传染途径。该病不分年龄和性别，幼龄貂最易感，发病率和死亡率也最高，3—6 月发病率最高。

【临床症状】自然感染潜伏期为 2～12 d，潜伏期的时间取决于动物机体的全身状况、外界环境、病原体毒力和侵入途径等。本病的特点是传播快、发病率高和死亡率高。感染的血清型不同表现的症状也不同，波摩那型菌感染主要表现为粪便黄稀、饮水增多、食欲减退、精神沉郁。少数病例呼吸加快、后腿行走不灵，结膜炎并有黏性分泌物，体温升高。有些病例表现为贫血、后肢麻痹、血红蛋白尿和排煤焦油样粪便。出血黄疸型感染病例主要表现为黄疸症状。病程稍长者尸体衰竭，尸僵显著，可视黏膜、皮下组织、脂肪组织常常染成黄色。慢性经过的病例尸体高度衰竭和显著贫血，个别病例轻度黄疸。

【诊断】根据临床症状和流行病学及病理变化可作出初步诊断，确诊需要实验室检查。

【防治】要着重防止饲料和水源的污染，加强对肉类饲料原料的检疫，防止啮齿类动物污染饲料和水源。发现该病后可用抗生素进行治疗，青霉素剂量为每千克体重 4 万 IU，每天一次；链霉素剂量为每千克体重 40 mg，每天一次，连用 3～5 d，可取得较好的效果。污染水域可使用漂白粉、2％苛性钠溶液、3％来苏儿溶液进行消毒。

十四、链球菌病

链球菌病是由于水貂感染致病性链球菌引起的传染病，是幼龄水貂比较常见的一种传染病，一般在仔貂出生 5～6 周开始发病，7～8 周达到高潮。成年水貂很少发病。其特征为发热、各组织器官发炎、化脓和败血症。该病多散发，很少成地方性暴发。

【病原】病原体为 C 型兽疫链球菌和 A 型化脓性链球菌。该菌多呈链状排列，链的长短不一，短链 2～3 个菌体排成一串，长的 20～30 个菌体排在一起。该菌为革兰氏阳性菌，抵抗力不强，对干燥、湿热较敏感，60 ℃ 30 min 即被杀死。对磺胺、青霉素以及其他广谱抗生素敏感，有时对这些药物产生抗药性。

【流行病学】水貂患该病多是由于饲喂被链球菌污染的动物性饲料而感染。本病可通过污染的垫草、饮水、饲养用具传播，也可通过外伤或消化道感染。

【临床症状】自然感染潜伏期长达 6～16 d。多数病例表现为肺炎、肋膜炎、心内膜炎、腹膜炎、子宫内膜炎和乳房炎，最终为败血症。最急性型不见任何症状突然死亡。急性型多为感染后 24～72 h 发病，表现为拒食、呼吸急迫、结膜发绀、鼻镜干燥、站立不动、抽搐、共济失调、嘶哑尖叫、卧地不起、四肢呈游泳状，随之发生强直性痉挛，最后衰竭、麻痹而死。慢性型多为独立病型，老龄貂多发，也可由急性型转化而来，主要表现为关节炎、局部炎症、子宫炎、乳房炎、化脓性淋巴结炎和皮炎，病程可持续 1～4 周，有些病貂自然康复。

【剖检变化】最急性和急性经过的尸体营养良好，一般呈败血症变化，各器官充血、出血，浆膜有浆液性炎症变化，心包液增多。脾脏急性肿大，暗红色，切面粗糙，有纤维素附着，间或有细小出血点、片状出血斑及出血性梗死。肝脏出血性肿大，肺脏充血，肾脏有大的出血点。肠系膜淋巴结肿大，有出血点。膀胱黏膜有出血性化脓炎症。

【诊断】该病没有特征性的临床症状和病理变化，细菌学检查是确诊该病的必需手段。

【防治】加强对饲料的卫生检查，对可疑饲料进行蒸煮处理。有化脓病变的内脏或肉类应该废弃。被污染的垫草应严格消毒后遗弃，有刺或硬的垫草最好不用，以免对水貂造成伤害，增加感染机会。

青霉素、磺胺类药物治疗该病的效果好。每只水貂每次肌内注射青霉素 20 万 IU，每天 2～3 次，连用 4 d；拜有利肌内注射 0.5～1 mL，每天一次，连用 4 d；可以按照说明使用其他广谱抗菌类药物。

第四节　主要寄生虫病

一、旋毛虫病

旋毛虫病是一种人畜共患的寄生虫传染病。水貂采食含有旋毛虫包囊的肉类饲料（主要是猪产品）而发生旋毛虫病，引起以消化紊乱、呕吐、腹泻、肌肉肿胀等为特征的寄生虫病。

【病原】旋毛虫是一种很细小的线虫。雌虫长 3～4 mm，雄虫长不到 2 mm。成虫寄生在水貂的小肠里，称为肠型旋毛虫。幼虫寄生在同一宿主的肌肉内，称为肌型旋毛虫，呈盘香状卷曲于肌肉纤维之间，形成包囊，呈梭形黄白色小结节。旋毛虫对外界的不良因素具有较强的抵抗力，对低温具有很强的耐受力。高温可以杀死肌型旋毛虫，一般在 70 ℃可以杀死包囊内的旋毛虫。如果蒸煮时间不够，肌肉深层的温度达不到致死温度，其包囊内的虫体仍可保持活力。

【发病机制】水貂采食含有旋毛虫包囊的饲料后，在胃内包囊溶解，幼虫溢出，在十二指肠内迅速生长发育，经过 4 次蜕皮，发育成性成熟的肠型旋毛虫。雌虫受胎后，钻入肠黏膜内产生幼虫。幼虫经过淋巴和血液循环，移行至横纹肌，生长发育成肌型旋毛虫。旋毛虫在膈肌、肋间肌、嚼肌、舌肌最为常见。幼虫在肌肉内生长发育，产生一些代谢产物刺激动物体形成包囊，每个包囊内含有 1～2 个蜷曲的幼虫，包囊钙化以后幼虫死亡。

【临床症状】寄生在小肠的成虫吸取营养，分泌毒素，致使动物体消化功能紊乱，表现呕吐、下痢，动物消瘦、食欲不振。寄生在肌肉的幼虫排泄出的代谢毒素，刺激肌肉疼痛，病貂不愿活动、食欲不振、消瘦。

【诊断】水貂生前不易诊断，死后尸体消瘦，皮下无脂肪沉积，皮下筋膜和背部肌肉有芝麻粒大小的散在黄白色小结节。取下放在载玻片上，压片，低倍显微镜下观察，可见呈盘香状蜷曲幼虫。

【防治】加强饲料原料的卫生防疫工作，对有疑虑的肉类饲料一定要高温处理。为了彻底杀死肌肉深处的旋毛虫包囊，应把原料切成小块，再进行蒸煮。水貂群按照正常程序，定期投放驱虫药物。饲喂生原料的养殖场可以定期多次投放驱虫药物，如阿苯达唑（丙硫咪唑）按每千克体重 10 mg 投放。

二、肾膨结线虫病

肾膨结线虫病又称为肾虫病，是由肾膨结线虫感染引起的以消瘦、频尿、血尿、贫血等为特征的寄生虫病。该寄生虫多寄生于猪、犬的肾脏中。

【病原】肾膨结线虫呈鲜红色，虫体较长，两端略细，呈圆条状，雄虫长 14～40 cm、宽 0.3～0.4 cm；雌虫长 20～60 cm、宽 0.5～1.2 cm。肾膨结线虫多寄生在右侧腹腔。

【发病机制】水貂因生食感染有肾膨结线虫的饲料原料而感染该病。寄生在肾脏的雌虫，性成熟雌雄交尾后，其卵随尿排入水中，感染淡水鱼，或者通过饮水感染其他动物。

【临床症状】水貂感染肾膨结线虫多寄生于右侧腹腔。由于虫体移行，分泌毒素和机械刺激，肾脏和腹腔发炎，脏器粘连，浆膜和大网膜纤维素沉着，肝脏受损，患侧肾脏颜色灰白混浊、质硬，有的穿孔或缺损，切面有钙化灶，肾盂有脓样的混浊液体。有的病例可见虫体穿入肾组织，膀胱内有血尿。患病貂表现消瘦，贫血，可视黏膜苍白，食欲不振，消化紊乱，有时出现呕吐，常出现尿血。

【诊断】生前较难诊断，可以检查尿中有无虫卵。解剖尸体，可见腹腔有淡黄红色腹水。病貂多在右侧肾脏出现虫体。

【防治】以淡水鱼尤其是泥鳅为饲料原料的应该煮熟饲喂。

可用伊维菌素按每千克体重 50 mg 内服，或每千克体重 200 mg 皮下注射，2 周后再注射一次。

三、颚口线虫病

颚口线虫病是饲喂淡水鱼类饲料养殖场偶见的消化道寄生虫病。

【病原】颚口线虫长 10～30 mm，宽 2～3 mm。颚口线虫呈细线状，虫体有 1 个圆形头球，头球具有多条横裂的沟，有大而扁的刺。虫卵为椭圆形。

【发病机制】水貂采食感染了颚口线虫的淡水鱼而发生感染。寄生在水貂体内的成虫，固定于胃肠道或穿入心脏，对机体造成机械刺激，在移行的过程中产生毒素，影响机体的正常机能，破坏血液循环，出现贫血、消瘦以及神经症状等。若虫体寄生于食道壁，由于机械刺激，引起食道黏膜炎症，或形成肿瘤，阻碍食物通过，水貂下咽困难或呕吐。若虫体寄生于心脏、肝脏和肺等器官，能引起所在器官穿孔、出血、发炎、肿大、增生以及机能障碍。

【剖检】尸体消瘦，可视黏膜苍白，缺乏皮下脂肪。寄生于食道，寄生部位发炎，黏膜增厚，形成肿瘤，食道狭窄，个别者形成憩室。在肿瘤内可以发现虫体。有的尸体的虫体寄生于心脏，造成心脏穿孔，细胞内含有血红色液体。当虫体寄生于肺和肝脏等处时，皆能在其表面发现穿孔痕迹，可找到虫体。

【诊断】根据饲料来源及加工过程，尸体剖检，查到虫体即可确诊。

【防治】加强饲料管理，以淡水鱼为饲料来源的养殖场应将鱼类煮熟后饲喂。

病貂可一次性口服阿苯达唑 200 mg 治疗。

四、蚤病

低洼潮湿地区和沼泽地区饲养水貂容易感染蚤病。

【病原】寄生于水貂的蚤类主要是犬栉头蚤和水貂蚤。蚤是一种无翅的吸血昆虫，身体左右扁狭，体外有较厚的角质外骨骼；全身各处都有鬃和刺；触角短、粗，口刺用于穿孔和吸血；腿粗大，善跳跃。

【发病机制】蚤在水貂毛丛中或者小室垫草内产卵和发育，卵光滑，易落入小室板缝中或地面上，发育成幼蚤。蚤在土壤或动物身上营寄生生活。

【临床症状】大量蚤类寄生在水貂机体上，刺咬、吸血，引起水貂瘙痒不安和营养消耗。常用脚搔抓被侵害部位，使毛皮遭到损伤。严重者可出现贫血，体况消瘦。

【防治】养殖场地势低洼，环境潮湿，一定要经常清理小室，保持地面卫生，小室内可用热碱水和火焰消毒，地面可用敌百虫喷洒。

五、弓形虫病

弓形虫病是由一种刚地弓形虫原虫引起的人、畜及野生动物共患的寄生虫性传染病。

【病原】也称弓浆虫，是一种细胞内寄生虫，属于原虫动物型等孢球虫的一种。它具有双宿主的生活周期，分两相发展，即等孢球虫相和弓形虫相。前者在宿主肠道内，后者在宿主的组织细胞内。

【流行病学】该病可通过接触感染，健康黏膜或损伤黏膜及空气飞沫感染，也可通过胎盘感染。肉食毛皮动物，通过饲料感染的可能性比较大。吸血昆虫也可传播该病。患病动物的排泄物、分泌物都可以成为传染源。任何年龄和性别的动物都可感染，幼龄动物发病率比较高。妊娠期感染可招致胎儿吸收、流产、死胎、烂胎、难产、产出发育不均的幼仔等。

【临床症状】水貂弓形虫病的主要特征是中枢神经紊乱，呈现兴奋性增高，表现不安和眼球突出或沉郁状态，拒食、运动失调、衰竭，常死于小室内。有的病貂表现听觉逐渐消失，呼吸困难。还有的病貂，常表现急速奔跑，反复进出小室，尾巴向背部伸展，如松鼠样。有的病貂上下颌运动不协调，采食缓慢，失去正常排粪习惯。有的病貂出现结膜炎，常在抽搐中死亡。带有神经紊乱症状的病貂，病程较长，在1～2周内仍然存活。

患病公貂失去配种能力，病情时好时坏，神经紊乱正常交替，最后死亡。

妊娠期母貂患病所产仔貂在出生后4～5 d死亡，或产出发育不正常体躯变形、头盖增大的仔貂，多数不能存活。

【剖检】该病主要侵害神经系统，主要脏器和组织均有可见的病变。病死貂一般体形消瘦，肌肉色淡或轻度黄染。肺充血、出血，水肿，有大理石样花纹，表面有凝固的可见的坏死结节。脾脏肿大，呈紫黑色。肝脏呈淡黄色或黑褐红色，质地松脆，表面有出血点和坏死灶。肾脏呈淡黄色，表面布满点状坏死区。

【诊断】该病在临床症状、病理变化和流行病学上特点不明显，不容易确诊。实验室诊断检查出病原体或特异性抗体才能确诊。此外，直接观察法、动物接种法和血清学检查法也可用来确诊该病。

【防治】该病应以预防为主，怀疑被感染的肉类，必须高温处理后再用。对患有弓形虫病的水貂及可疑水貂，要进行隔离治疗，防止成为传染源。病死貂的尸体要深埋或焚烧。

治疗该病需在发病初期，可使用磺胺类药物如磺胺嘧啶、磺胺甲氧嘧啶、制菌磺和敌菌净治疗，效果较好。用药较晚，虽可使临床症状消失，但不能抑制虫体进入组织形成包囊，从而使其成为带虫水貂。治疗的同时可以增加维生素添加剂的用量，尤其是B族维生素和维生素C对治愈有促进作用。

第五节　一般疾病的治疗

一、食盐中毒

食盐中毒在毛皮动物饲养上时有发生，多数是散发，偶有群发。散发是由于调制饲料时未能搅拌均匀，群发是由于添加食盐过量导致。

【临床症状】中毒水貂出现口渴，兴奋不安、呕吐，从口鼻中吐出泡沫样黏液，呈急性胃肠炎症状。中毒水貂腹泻，全身虚弱，出汗，伴有癫痫、尖叫。水貂于昏迷状态下死亡。有的病貂运动失调，或作旋转运动，排尿失禁，尾巴翘起，最后四肢麻痹。中毒程度取决于食盐摄入量和饮水情况。在无饮水，食盐摄入量在每千克体重 1.8～2.0 g 时，20％的水貂出现中毒症状；食盐摄入量增加至每千克体重 2.7 g 时，发生典型的食盐中毒症状，并于中毒后的第 3 天，水貂的死亡率达到 80％。当饮水充足时，水貂能够耐受每千克体重 4.5 g 的食盐量。

【剖检】口角、鼻孔附近有黏液，个别口腔黏膜溃疡。血液凝固不良呈暗紫色。胃肠炎变化严重，充血，肿胀肥厚，有溃疡灶。肺、肾、脑血管扩张，有的有点状出血。

【防治】准确计算每天食盐用量，最好以饱和食盐水的形式添加食盐，充分搅拌均匀，同时保证充足的饮水。饲喂咸鱼和鱼粉时，应考虑到其中的食盐含量。

如果发生食盐中毒，应立即停止盐分高的原料或者暂时停止食盐供应，同时加强饮水。不能主动饮水的病貂，可用胃管给水或腹腔注射灭菌水。同时注射强心剂，皮下注射 10％～20％樟脑油 0.2～0.5 mL，也可皮下注射 5％葡萄糖 5～10 mL。

二、霉玉米中毒

玉米或玉米粉贮存不当可导致发霉变质。霉变玉米产生的毒素主要有黄曲霉毒素、赤霉烯酮、伏马霉素及呕吐霉素等。这些毒素可引起水貂消化系统紊乱、生育能力降低等为主的中毒症状，对水貂养殖业危害极大。

【临床症状】病貂表现为食欲减退或废绝，反应迟钝，被毛凌乱，站立或行走时后肢无力，运动失调；呕吐物有霉臭味；腹泻，粪便呈黄绿色糊状；腹围膨大，穿刺有大量棕黄色腹水流出；排尿时表现痛苦，尿液呈浓茶色或带血；眼结膜、口腔黏膜及唇黏膜极度黄染，眼多泪，眼角有少量脓性分泌物。

【剖检】血凝不良，皮下组织和全身黏膜以及浆膜黄染，胸腹水及心包液增加，呈橙黄色。肝脏肿大呈土黄色、质脆，表面有灰白色小点散在，肝门淋巴结出血水肿。胆囊膨大，胆管壁增生肥厚，胃黏膜肿胀充血，有的病例胃黏膜上有溃疡及肠系膜水肿。

【诊断】较多水貂出现症状应立即检查谷物饲料质量。结合谷物饲料质量和临床症状、剖检等，可作出基本判断。

【防治】注意谷物类饲料的贮存，含水量应控制在12％以下，并存放于低温干燥处。霉变的谷物原料最好弃之不用。玉米粉碎后不及时散热，容易引起玉米霉变。

发生中毒应立即停止饲喂霉变谷物饲料。饲料中加喂蔗糖或葡萄糖、绿豆水解毒，加大维生素C、维生素K用量。

三、肉毒梭菌毒素中毒

该病是由梭状芽孢杆菌属肉毒梭菌污染肉类或鱼类等动物性饲料，产生大量外毒素，导致水貂急性食物中毒的疾病。该病的主要特点是神经和横纹肌不全麻痹或麻痹，病貂全身瘫痪不会动。

【病原】肉毒梭菌为专性厌氧菌，能分解蛋白质，产生外毒素，毒性极强。此毒素具有较强的抵抗力，对低温和高温都能耐受。当温度达到105℃时，经过1～5 h才能被破坏。

【流行病学】水貂对该毒素非常敏感，并且没有年龄、性别和季节性的区别。本病常呈群发性，病程和死亡率取决于水貂摄入的毒素量。

【临床症状】水貂肉毒梭菌毒素中毒多为超急性经过，少数为急性经过。病貂表现运动不灵活、躺卧、不能站立，先后肢出现不全麻痹或全麻痹，不能支撑身体、拖拽爬行（即呈海豹式行进），继而前肢也出现麻痹，病貂出入小室门口困难，常滞留于小室口外，意识在未进入昏迷期前，一直很清楚。将病貂拿在手中，像未尸僵的死貂一样，瘫痪无力。

有的病貂出现神经症状，流涎、口吐白沫，颌下被毛湿润，瞳孔散大，眼球突出。有的病貂痛苦尖叫，进而昏迷死亡，较少看到呕吐和下痢。有时水貂无明显症状而突然死亡，死前呈现阵挛性抽搐。

【剖检】无明显特征。

【诊断】死亡水貂多为采食良好，身体健康的水貂，结合出现的临床症状，可怀疑是肉毒梭菌毒素中毒。

为进一步证实诊断，可进行毒素检查。将待检材料，剩食或胃内容物，按照 1∶2 加入灭菌生理盐水，在无菌状态下研碎，放室温浸放，滤过使之透明，将滤液喂给两只豚鼠。如有毒素，实验动物经过 3～4 d，发生麻痹死亡，少数延续到 10～12 d 死亡。对照组喂给经过 100 ℃煮沸 30 min 以上的前述滤液，在同一饲养管理条件下，该组动物健康活泼不发病。

【防治】使用自然死亡的动物尸体作为饲料时，一定要经过蒸煮。对该病污染区一定要提高警惕，加强消毒，可考虑注射 C 型肉毒梭菌疫苗，一次接种免疫期为 3 年。

发生该病可肌内注射肉毒梭菌毒素抗毒血清 10 万 U，症状严重个体可 6 h 注射一次，肌内注射青霉素钠 20 万～40 万 IU，每天 2 次，葡萄糖 20 g 饮水，每天 2 次。

四、亚硝酸盐中毒

多数青饲料含有硝酸盐，在一定温度、湿度下由于细菌的作用，硝酸盐被还原成亚硝酸盐。

【病因】青饲料一般都含有一定量的硝酸盐，在 20～25 ℃条件下 30 h，或 37 ℃条件下 24～48 h，或在 50 ℃条件下 6～8 h 的堆积、腐烂或盖锅焖煮处理，在细菌的作用下，将硝酸盐还原成亚硝酸盐，用这样的青饲料饲喂水貂，极有可能引起水貂中毒。

【临床症状】多在食后不久急性发病，有的突然死亡；有的表现呼吸加快甚至发喘，流涎，口吐白沫，呕吐，不安或转圈，抽搐，腹痛，皮肤发冷，可视黏膜发紫，尖叫，心跳减弱，很快死亡。

【剖检】口、眼、鼻黏膜紫色，血液凝固不良、呈酱油色，胃黏膜可见弥漫性出血，心肌苍白。肺出血或气肿。肝脏肿大呈紫黑色，切开有大量酱油样血液流出。

【诊断】根据临床症状和剖检，结合饲料制作过程，可作出基本判断。

【防治】青饲料应用稍烫热水过后生喂，或者蒸煮时不盖锅盖，煮沸后立即拿出晾凉后使用。禁止堆放青饲料，以免发生发热腐烂。

如果发生中毒，可肌内注射 1‰美蓝，每千克体重 0.5 mL，每天 1 次，连用 3~5 d；在呼吸急促时，可肌内注射肾上腺素 0.1 mL；也可用安钠咖等强心剂改善心脏功能。

五、腐败脂肪中毒（黄脂肪病）

动物性饲料中的不饱和脂肪酸容易氧化腐败，散发刺激性气味，产生醛、酮等有害物质。鱼类饲料含有不饱和脂肪酸多，较其他动物性饲料更容易腐败。在低温条件下，含脂肪的动物性饲料发生缓慢氧化，贮存时间比较长的鱼类饲料，是引起水貂黄脂肪病的主要原因。

【临床症状】以冻储鱼、肉类为主要饲料原料的貂群容易出现该病。一般多以食欲旺盛、发育良好的幼貂最先受害致死。

急性病例突然死亡，大群水貂食欲不振，精神沉郁、不愿活动，出现下痢。重者后期排煤焦油色稀便，或后躯麻痹、腹部尿湿，常在昏迷状态下死亡。触摸鼠蹊部两侧脂肪，手感呈硬猪脂状或绳索状。

慢性病貂出现食欲减退，消瘦，不愿活动，成年水貂易出现这种病症，易与阿留申病混淆。

【剖检】尸体皮下组织黄染多汁，有的病例皮下有出血点，皮下脂肪黄白色，湿润；有的病例水肿，特别是鼠蹊部两侧脂肪尤为严重，淋巴结肿大。

胸腹腔有水样黄褐色或黄红色渗出液。大网膜和肠系膜呈污黄色多汁，肠系膜淋巴结肿大。肝脏肿大，呈土黄色或红黄色，质脆弱，典型脂肪肝，肾脏肿大。胃肠黏膜有卡他性炎症，附有少量黏液及褐红色的内容物，直肠有少量煤焦油样的黏稠粪便。慢性病例尸体消瘦，皮下组织干燥，黄染不明显，肝脏浮肿，呈粉黄、红色或淡黄色，质脆，切面组织不清。肾实质灰黄色或污黄色，胃肠卡他性炎症。

【防治】预防该病要注意冷冻饲料的库存时间和保藏温度，发现有腐败的饲料原料要及时处理或废弃。同时，注意饲料中维生素 E 的添加量。

发生该病后要立即停止饲喂腐败变质的饲料，加大维生素 E 的投放量。出现症状的水貂每天每只注射维生素 E 溶液 0.5 mL、复合 B 族维生素注射液 0.5 mL、青霉素 10 万 IU，持续给药 7~10 d。

六、鱼中毒

贮存时间过长的鱼类饲料腐败变质后会产生组织胺，可引起水貂中毒。以青皮红肉鱼产生的组织胺较多，产生速度快，水貂中毒死亡率高，如鲐鲅鱼、鲭鱼、沙丁鱼等。另外，鲭肝脏、鲈卵、河豚、湟鱼头、鲛鳓卵等都具有毒性，大量饲喂可造成水貂中毒死亡。

【临床症状】开始少数水貂食欲不佳、剩食，进而大批剩食，消化紊乱、呕吐、精神萎靡、不愿活动、喜卧、后躯麻痹等。

急性中毒病例，只见神经症状，抽搐而死，幼貂比老龄貂严重。如果发生在妊娠的中后期，可导致妊娠中断，出现死胎、烂胎现象，造成繁殖失败。

【诊断】生物毒一般很难测定，多采用敏感动物，通过生物学饲喂的方式来测定。

【防治】养殖户应了解一些有毒鱼类的知识，调制饲料时，及时挑出。

发生中毒时，应立即停止饲喂有毒的饲料，调整貂群的饮食，饲喂新鲜无毒、适口性强的动物性饲料。个别病例可采取对症治疗，如强心、解毒、补液等综合措施。

七、大葱中毒

大葱可以用作繁殖期催情饲料，饲喂不当可能引起水貂急性中毒。该病的特征性变化是酱油样血尿。

【病因】该病主要是饲喂过量大葱导致。正常情况下，每只水貂日采食大葱 10～15 g。日采食 30 g 以上可引起慢性中毒；日采食 70 g 以上引起急性中毒；日采食 90 g 以上可致死。

【临床症状】慢性中毒水貂精神沉郁，被毛蓬乱，卧笼不起，频排血尿，站立不稳，全身有节奏的颤抖，饮水增加，两眼紧闭，眼角内有眼屎，结膜黄白色，排血尿。急性病例排酱油样血尿。

【剖检】一般尸体营养状况良好，皮下有脂肪沉着，黄染，肝脏呈土黄色，质地脆弱，肿大 1.5 倍，切面外翻，流出少量酱油样血液。肾脏肿大一倍，黄褐色，被膜下布满针尖大黑紫色出血斑，脾脏肿大，可能是继发性感染导致。

【诊断】根据水貂日粮中大葱供给量和病貂症状，结合大葱供给时间和症状出现时间，可作出初步诊断。

【防治】在适量范围内逐步增加大葱供给量，饲料一定要搅拌均匀。一旦出现大葱中毒现象，应立即停止大葱供给，保证充足的饮水。饲料中可添加一定量的白糖或加喂绿豆水。病症严重水貂，可注射强心药物。

八、铅中毒

铅是一种蓄积性和多亲和性的毒物，可作用于全身各个器官。铅可以抑制多种酶的活性，使血红蛋白的合成受到阻碍而导致贫血。慢性中毒以损害神经系统为主，使肾小管功能失调并造成贫血等症状。

【病因】主要是食入或吸入含铅物质引起的。

【临床症状】铅中毒分为急性和慢性，主要表现为神经症状和消化功能紊乱。

急性发作时，病貂多见步态摇晃、转圈、头颈震颤、口吐白沫、嚼齿、尖叫、惊厥而死。

慢性发作时，病貂精神沉郁、厌食、流涎、腹泻、妊娠中断、流产、死胎。

【剖检】病貂消化道有胃肠炎症，肝脏色淡，肝小叶变性，脂肪性营养不良。肾脏充血，脑水肿，大脑皮层严重充血或层状脑皮质坏死。病貂肌肉苍白或呈煮肉样，皮下、胸腺和器官出血，膀胱炎，角膜炎和眼球出血。

【诊断】主要根据病史、临床症状、组织学特征和化学分析进行诊断。一般取血液、肝脏和胃内容物，化验含铅量作为诊断的依据。

【防治】停止饲喂受到铅污染的饲料，注意水貂饲养环境。

九、尿湿症

尿湿症是水貂的泌尿系统疾病，临床上表现为泌尿障碍。40～60 日龄仔貂发病率高，一般是成批、成窝发生。本病多在 6—9 月发生。

【病因】长期饲喂含脂肪过高的动物性饲料；饲料保存不好，特别在夏季，发生腐败变质，或饲料保存过久，使之氧化不完全，维生素 B_1 遭到破坏，引起机体代谢紊乱而致病；饲料中含糖少，脂肪氧化不完全，分解产生中间产物而致病；泌尿器官感染化脓性致病菌而引起本病。此外，遗传因素也是致病的重要原因之一。

【临床症状】患病貂表现频频排尿，每次排出的尿量不多；排出的尿液发黏，腥臭味浓；尿道口周围、腹部甚至全身的被毛被打湿；后肢障碍（站立不稳、战栗、瘫痪）等症状。会阴部、腹部及后肢内侧的皮肤被毛被尿液浸湿，揉搓成团，皮肤发炎，变红肿胀，有时出现湿疹和脓疤，有的脓疤破溃形成溃疡。随着病情发展，受害部位被毛脱落，皮肤溃烂、增厚而变得粗硬。有时会阴部皮肤和包皮周围发生坏死，甚至发展到腹部或后肢内侧皮肤。此时病貂发生尿潴留，阴囊内积满尿液，膨大柔软。有的病貂出现全身症状，精神沉郁，体温升高，少食或不吃食，逐渐消瘦，如不及时治疗，会发生死亡。

【剖检】泌尿器官具有较重的病变，可见肾体积增大，颜色异常，包膜肥厚，肾表面有时可见出血点，肾盂扩张，内有脓汁或血样液体。输尿管肥厚，常见到化脓性膀胱炎。

【诊断】泌尿障碍可提供初步诊断依据。确诊需采取病料（新鲜的尿、脓疱及坏死性溃疡物）做细菌学检查。

【防治】加强断乳前后仔貂及母貂在孕期和哺乳期的饲养管理，饲喂新鲜、清洁、营养丰富、脂肪含量少的饲料，供以清洁饮水。要经常打扫貂舍和小室，勤换垫草，经常消毒，保持貂舍和小室垫草干净、柔软且卫生。

治疗本病可用青霉素 10 万～20 万 IU，肌内注射，每天 2 次；土霉素每只 0.05 g，用蜂蜜调和口服；还可口服乌洛托品 0.2 g，每天 2 次。当患病貂出现全身症状时，除使用消炎药外，还要皮下注射 10% 葡萄糖注射液 10 mL，维生素 C 注射液 1 mL，每天 2 次。

十、维生素 A 缺乏症

维生素 A 缺乏症是以引起上皮细胞角化为特征的一种疾病。水貂易得此病。

【病因】饲料中维生素 A 不足，不能满足水貂机体的需求；水貂患有慢性消化器官疾病影响维生素 A 的吸收和利用；饲料中添加了腐败的脂肪、油脂、肉骨粉、蚕蛹等，使饲料中的维生素 A 遭到破坏。

【临床症状】饲料中维生素 A 不足时，经过 2～3 个月，表现出症状，特征变化是皮肤上皮细胞角质化和干眼症，成年貂和仔貂的症状相似。患病貂应激性增高，受到外界微小刺激，就会引起高度兴奋，幼貂生长缓慢，不同程度表现出神经症状，仔貂腹泻，粪便内有大量的黏液和血液。

母貂性周期紊乱、发情不正常、发情延期、孕期发生胚胎吸收、出现死胎、烂胎，仔貂瘦弱。公貂性欲低下，睾丸缩小，精子形成障碍，畸形率高。

【剖检】因维生素 A 缺乏死亡的水貂，尸体比较消瘦，表现为贫血，仔貂见有气管炎、支气管炎。幼貂常发现胃肠变化，胃内常见有溃疡，肾和膀胱易有尿结石。

【诊断】对病貂的血液和肝脏内的维生素 A 含量进行测定，同时进行日粮成分分析。在可疑情况下可进行治疗性诊断，在饲料中添加鱼肝油，如果症状明显好转，则为维生素 A 缺乏症。

【防治】水貂对胡萝卜素消化利用率很低，在日粮中要直接补充维生素 A。维生素 A 必须按照不同生物学时期水貂需求量进行添加，特别是在准备配种期、妊娠期和哺乳期，必须补充足够的维生素 A。

当发生维生素 A 缺乏症时，治疗量为预防量的 5～10 倍，水貂可每天每只内服 3 000～5 000 IU，同时饲料内要有足够量的中性脂肪。

十一、维生素 E 缺乏症

维生素 E 是几种具有维生素 E 活性的生育酚的总称。它的主要功能是作为一种生物抗氧化剂，特别是脂肪的抗氧化剂。维生素 E 与微量元素硒的代谢密切相关，通过它们的共同作用，可以节省维生素 A 和不饱和脂肪酸。

【病因】主要原因是日粮中缺乏维生素 E。日粮中维生素 E 的缺乏除了供给不足外，跟动物性饲料的贮存条件和时间以及加工也有很大的关系。一般来说，冷藏达不到 -18 ℃，贮存时间长，脂肪氧化加快，使维生素 E 分解加快。长期饲喂脂肪含量高的鱼类，特别是带鱼、鲭鱼，也会使饲料中的维生素 E 遭到破坏。

【临床症状】维生素 E 缺乏主要是破坏水貂的繁殖机能，导致母貂发情延迟、不孕、空怀增加；新生仔貂虚弱无力，精神萎靡，吸吮能力低下，死亡率升高；公貂性机能减退，精子生成机能障碍。维生素 E 缺乏是导致水貂患脂肪组织炎的重要原因之一。在腹股沟皮下可以摸到片状或串状的硬脂肪块，黏膜发黄。严重病例有胃肠炎，排沥青样粪便，膀胱内有红褐色尿液。

【剖检】尸体的营养状况一般良好，仔貂的病程短，常常皮肤变硬，皮下脂肪增厚、呈淡黄色，大网膜、肠系膜和心冠周围沉积有褐黄色的脂肪，脾脏肿大 2～3 倍。胃内有出血现象，内容物为暗红色。肝脏呈黄色，松弛，脂肪硬化。

【诊断】根据饲料情况、维生素 E 的添加情况、临床症状和病理剖检可作出基本判断。

单纯的维生素 E 缺乏症较少见，多数与脂肪组织炎并发。脂肪组织炎的特点是皮下高度水肿浸润，尸体好像浸在血样液体中，脂肪呈黄色，皮下脂肪和皮肤不易分离。

【防治】在配种、妊娠和哺乳期，预防维生素 E 缺乏非常有必要。严禁饲喂脂肪氧化的饲料，排除含有脂肪氧化的可疑饲料。饲料中每天都应额外添加维生素 E。

治疗方法主要是补充维生素 E，每天每只水貂补充 10 mg。对于严重个体可以注射维生素 B_{12} 每千克体重 50～100 mg，维生素 E 每千克体重 5～10 mg。

十二、维生素 C 缺乏症

维生素 C 又称抗坏血酸，母貂妊娠期体内缺乏维生素 C，容易引起新生仔貂"红爪病"。这是因为缺乏维生素 C 使骨骼的生长被破坏，毛细血管的通透性增强，引起毛细血管出血，血细胞的生长受到抑制，使仔貂发生"红爪病"。

【病因】饲料中缺乏维生素 C，或者饲料贮存时间过长，其中的维生素 C 已被分解。

【临床症状】主要症状是一周内的新生仔貂发生"红爪病"。其症状是四肢水肿、关节变粗、趾垫肿胀变厚，趾关节及趾垫皮肤紧张，高度潮红。病貂尾部水肿。经过一段时间后脚趾间形成溃疡和龟裂。脚掌水肿在出生后即发生，逐渐变严重，第二天脚掌会有轻度充血，此时尾端变粗，皮肤高度潮红。

患病仔貂发出尖锐的叫声，到处乱爬，头向后仰（似打哈欠），不能吸吮母貂乳头，易使母貂患乳房炎。

【剖检】剖检出生后 2～3 d 的死亡仔貂，可见胸腹和肩胛部皮下发生水肿和黄疸，在胸、腹部常发生广泛性斑块状出血，其他变化不显著。

【诊断】可根据典型的临床症状、剖检和饲料分析。通过对饲料和母貂初乳中维生素 C 含量的检测，可确诊。正常成年母貂乳中维生素 C 的含量大约为每 100 g 含 0.8 mg，病貂乳中的维生素 C 的含量仅为每 100 g 含 0.1～0.48 mg。

【防治】日粮必须提供充足的维生素 A、维生素 B_1、维生素 B_2、维生素 H 和维生素 C，保证饲料全价。妊娠期必须弃用保存时间过长、质量不好的可疑饲料，要保证饲料新鲜。产后及时检查仔貂是否有缺乏现象，及早发现及早治疗。可使用 3%～5% 的抗坏血酸溶液，每只 1 mL，每天 2 次，用滴管滴入口腔，直至水肿消失为止。同时日粮中补充充足的维生素 C。

十三、维生素 B_1 缺乏症

维生素 B_1 又称硫胺素，缺乏时，水貂食欲减退，共济失调，后躯麻痹。

【病因】饲料中长期缺乏维生素 B_1，或者饲料氧化成分过多，或者含有硫胺素酶过多。

【临床症状】饲料中缺乏维生素 B_1 时，经过 $20\sim40$ d，水貂开始出现食欲减退、剩食、消瘦、步态不稳、抽搐、痉挛。严重缺乏时，病貂神经末梢变性，组织器官机能障碍，体温降低，心脏机能衰弱，消化机能紊乱。母貂生产力下降，妊娠时间长，死胎、空怀增多，产仔弱。仔貂发育停滞，有神经症状，角弓反张，共济失调，后躯麻痹，在笼中乱爬，后躯被动驱动，拖动前行。

【剖检】新生仔貂头部出血水肿，尸体消瘦，心包有淡红色液体。妊娠母貂常发现木乃伊化的胎盘。胃肠空虚，或充满沥青样粪便。

【诊断】根据临床症状和日粮中维生素含量情况作出初步判断。

【防治】日粮中应长期添加 B 族维生素，不能长期饲喂有破坏维生素 B_1 的饲料。

发现该病时，主要治疗措施是改善饲料条件，添加充足的维生素 B_1。拒食的水貂可注射维生素 B_1 注射液，剂量为每只 0.25 mg。

十四、维生素 B_2 缺乏症

维生素 B_2 又称核黄素，缺乏时会引起水貂皮炎，被毛脱色及生长缓慢。

【病因】饲料中维生素 B_2 不足。

【临床症状】维生素 B_2 缺乏可引起神经机能被破坏，表现为步态摇晃、后肢不全麻痹、痉挛及昏迷。病貂全身被毛脱落，黑色被毛脱色变为灰白色或者毛色变浅。母貂发情延迟，新生仔貂不健全，腭裂分开，骨缩短。5 周龄仔貂完全无被毛，具有肥厚脂肪皮肤，运动机能衰弱，晶状体混浊，呈乳白色。

【剖检】主要的特征是仔貂发育不健全。

【诊断】根据症状怀疑为本病时，可加大维生素 B_2 投放量，看症状是否减轻。

【防治】仔细计算水貂日补充维生素 B_2 量，日粮中脂肪含量高时，需要增加维生素 B_2 的供给量。每天每只水貂 $1.5\sim2$ mg，妊娠和哺乳期每天每只母

貂 3 mg。

十五、维生素 B₆ 缺乏症

维生素 B_6 又称吡哆醇，该缺乏症常在繁殖期发生，可引起公貂无精子，母貂空怀、胎儿死亡，仔貂生长发育迟缓。

【病因】饲料中维生素 B_6 不足。

【临床症状】当维生素 B_6 缺乏时，妊娠期母貂空怀率及仔貂死亡率增高。公貂没有精子，性机能消失，无性反射。睾丸明显缩小，检查无精子。仔貂表现高度生长发育迟缓。此外，母貂妊娠期延长和健壮公貂的尿结石也与维生素 B_6 不足有关。

【诊断】该病缺乏典型症状和特征性的病理变化，诊断必须依靠仪器分析日粮中维生素 B_6 的含量。

【防治】合理计算日粮中维生素 B_6 的含量，特别是妊娠期和发情期应特别重视。每千克日粮干物质内含有维生素 B_6 0.9 mg 即可。

对于病貂可增加维生素 B_6 供给量，发情期每千克体重 1.2 mg，每天一次；被毛生长期每千克体重 0.9 mg；生长后期，每千克体重 0.6 mg。

十六、维生素 B₁₂ 缺乏症

维生素 B_{12} 缺乏会导致水貂发生肝脏脂肪变性等症状。

【病因】主要原因是饲料中缺乏维生素 B_{12}。

【临床症状】表现为贫血、消化不良、衰弱。妊娠期导致仔貂死亡率高。

【剖检】肝脏脂肪变性，呈黄色、质地松弛。

【防治】按水貂通常的日粮标准饲喂，能满足要求。水貂妊娠期补充维生素 B_{12} 具有良好作用。

治疗量按照每千克体重注射 10～15 mg，每 2 天注射 1 次，直至症状消失。

十七、叶酸缺乏症

该病的主要特点是引起严重贫血、消化不良和被毛缺损。

【病因】日粮单一，缺乏叶酸，或长期使用抗生素及磺胺类药物，破坏肠道正常微生物群。

【临床症状】水貂表现为衰竭、腹泻、可视黏膜贫血、红细胞减少、血红蛋白降低，病貂被毛蓬乱，部分褪色或变浅。

【剖检】尸体消瘦，被毛脱色和引起皮炎。

【诊断】根据临床症状和剖检及日粮分析可作出判断。

【防治】水貂繁殖期日粮需要 0.5～0.6 mg，妊娠期需要 3 mg。在治疗上口服叶酸 3～4 mg，能够收效良好。

十八、感冒

感冒是由于外界气温骤变，机体被寒冷侵袭而引起的，以鼻流清涕、羞明流泪、呼吸加快、体表温度不均为特征的急性发热性疾病。本病以老龄貂及幼貂多发，常于早春、秋末气温骤变的季节发病。

【病因】气温突变是导致该病的最根本原因，同时与机体的抵抗力有关。

【临床症状】病貂皮温升高，表现为流鼻涕、淌眼泪和发热。病貂精神不振、食欲减退，两眼半闭半睁、含泪，鼻孔有少量水样鼻液，鼻镜干燥，多蜷于小室内，不愿活动。

【诊断】根据气候变化和临床症状可作出诊断。

【防治】加强管理，保证营养均衡供给，提高机体抵抗力。初春和入秋应保持小室内垫草干燥和丰富，利于保温。

发病水貂可用解热剂安痛定等注射液降热，同时加大 B 族维生素的供给量。防止继发感染可用广谱类抗生素预防。

十九、中暑

水貂中暑是指由于夏季天气炎热，烈日长时间暴晒水貂头部，或者是在高温高湿、通风不良的外界环境下，水貂体热不能散发，蓄积体内引起的中枢神经系统、呼吸系统和血液循环系统功能严重失调的综合征。中暑是日射病和热射病的统称。

【病因】气温过高、貂舍通风不良，水貂受阳光直接照射引起脑过热（日射病）或全身受热刺激（热射病）。

【临床症状】患病貂体温升高，可达 41 ℃以上，可视黏膜潮红、鼻镜干燥，呈剧渴状。病初兴奋不安，随后直挺挺地卧在小室或笼网上，后躯麻痹、呼吸困难、剧烈气喘，不断发出痛苦的尖叫声，随之出现精神沉郁、走路摇晃，呈眩晕状态。有的病貂口吐白沫、呕吐，前腹部逐渐膨胀，全身痉挛抽搐而死；大多数病貂死于中暑当天或中暑后 2～3 d 内。

【诊断】根据天气情况和临床症状即可作出判断。

【防治】该病以预防为主，加强棚舍通风，增加降温设施，避免夏季阳光直射动物。

发生该病时，立即将病貂转移到凉爽通风处，以凉水冲洗身体，用冰块冷敷头部，保持安静，还可用冰盐水灌肠，促进散热。可用 20% 樟脑油，剂量为每只 0.1～0.3 mg，皮下注射；也可用樟脑磺酸钠注射液，剂量为每只 0.5～1 mL，肌内注射。

二十、口腔炎

口腔炎是指非传染性的口腔黏膜发炎。水貂口腔炎症多为机械性外伤导致，很少由机能性或腐蚀性药物引起。

【病因】咬伤、啃咬笼内锐物、吞食鲜骨等有刺物，可能引起口腔或齿龈炎症。有一些传染性疾病也有口腔炎症状，如传染性水疱性口腔炎、阿留申病等。

【临床症状】单纯的口腔炎患貂不愿吃食，围着食盆转，想吃不敢吃。病貂流涎、黏膜潮红发炎，重者精神萎靡，体温升高。

【诊断】一般根据临床症状和口腔黏膜变化，可作出诊断。

【防治】在日常管理中，注意笼舍坚固完好，尽量绞碎含骨原料和挑拣出原料内的杂物。

患病貂可用 0.1% 高锰酸钾水冲洗口腔或添加在饮水中让病貂自由饮用；也可用碘甘油涂抹口腔。重者可结合全身疗法，肌内注射青霉素或链霉素。

二十一、急性胃肠炎

该病是由饲养管理不当、饲料腐败、饮水不卫生等原因造成的胃肠黏膜炎症，以排稀便和严重的胃肠功能紊乱为特征。

【临床症状】患病初期食欲减退，有时出现呕吐，中期口腔黏膜充血、干燥、发热。腹部蜷缩，肠蠕动增强，下痢，排蛋清样灰黄色或灰绿色稀便，也有血便或煤焦油状粪便。后期病貂严重脱水，眼球塌陷，抽搐而死。重者有时出现脱肛，尤以仔貂多见。

【诊断】根据临床症状和饲喂环境可作出初步判断。

【防治】加强管理，改善饲料品质，弃用不新鲜饲料原料，加强食具卫生管理，注意饮水质量。

发生该病后可用抗菌消炎药物，增加容易消化、营养丰富的饲料原料。可全群投饲四环素，剂量为每千克体重 20~25 mg；也可用氟苯尼考，剂量为每千克体重 10~15 mg，每天 2 次，连用 3~5 d。

二十二、乳房炎

该病是哺乳期母貂因乳汁滞留或者乳房外伤后受细菌感染引起的乳腺组织和乳头发炎的一种急性或慢性炎症。

【病因】仔貂过多，乳汁不足，仔貂争抢以致咬伤乳头而被细菌感染，或母貂泌乳量过多，仔貂不能吃完，造成乳汁滞留；貂舍垫草不洁都可能引发乳房炎。

【临床症状】病貂乳房硬结，以后乳房肿胀，乳头有咬伤，感染化脓；有时破溃，流出黄红色脓汁，体温升高，鼻镜干燥，患病貂表现不安，在笼中乱转，不护理幼貂，拒绝给仔貂哺乳。病貂食欲逐渐减少。

【诊断】根据母貂表现和局部乳房检查即可确诊。

【防治】加强饲养管理，合理配制饲料，避免母貂孕期和泌乳期过肥及营养不良而导致体质瘦弱，确保母貂泌乳期体质强壮，乳腺机能正常，乳汁充足，可避免咬伤。对于泌乳量大、仔貂数量少、乳汁充足的母貂，可把其他仔貂寄养过来，可防止乳汁储积。貂箱产前彻底消毒，可用福尔马林熏蒸。每立方米空间用福尔马林 25 mL、水 12.5 mL、高锰酸钾 12.5 g，将福尔马林与水混合，然后加入高锰酸钾，产生气体，熏蒸 12~24 h 即可；或用 3%~5%来苏儿喷洒消毒。分娩后防止产道和乳房感染，保持貂箱清洁卫生，随时观察，发现异常，及时采取措施。发生该病可实行乳房按摩，以排出积留乳汁，促进血液循环，按摩每次 10~15 min，每天 1~2 次。热敷可用水、20%硫酸镁液、食醋，加热到 40~50 ℃，浸湿毛巾敷于肿块部，每次 20~30 min，每天 2 次。同时内服阿莫西林每次 0.05~0.1 g，每天 2 次，连用数天。用青霉素 20 万 IU 在乳房周围分点注射，再配合注射 0.25%普鲁卡因 5 mL，可止痛；如果乳房已经化脓，可先切开局部排脓，再用 0.3%的雷佛奴尔溶液清洗，然后涂消毒药；哺乳母貂不吃食时，用 10%的葡萄糖 20 mL 皮下补液，或将仔貂拿出代养，以促使母貂乳房尽快恢复。

二十三、烂胎败血症

死胎、烂胎、仔貂发育不均，母仔同死亡使妊娠中断，发生于妊娠中后期。

【病因】妊娠中后期如果饲料发生变化引起食欲波动或拒食可引发本病；饲喂贮存时间过长或稍微变质的动物性饲料，或者含有一些腺体的畜禽下脚料，发生于妊娠前期容易引发胎儿被吸收，导致空怀率高。霉变或含有有毒成分的植物性饲料也可使怀孕母貂流产、死胎、烂胎。慢性传染病都可能引发该病，如阿留申病、犬瘟热病等。

【临床症状】貂群食欲不好，妊娠症候消失；腹围变小，或腹围变粗，到预产期不产仔，或产仔情况不好，幼貂瘦弱，发育不良。妊娠后期妊娠中断，胎儿死在母体内，产死胎、烂胎，造成自身中毒母仔同死。

【剖检】流产的胎儿残缺不全，腐败糜烂，母仔同归死亡的母貂，营养状况良好，腹腔剖开，两子宫角内有发育不均等的死胎、烂胎。有的子宫角糜烂破裂、腐败，腹膜发炎，其他脏器表现自身中毒、败血症现象。

【诊断】根据产期情况和死胎、烂胎、流产现象可以作出判断。

【防治】该病以预防为主，发生该病就会造成很大损失。应加强改善饲养环境，根据妊娠期不同阶段及时调整饲料营养水平，给予新鲜易消化的饲料。注意微量元素和维生素的补给。

二十四、难产

水貂难产病是养貂生产中的常见病、多发病，如不及时治疗，会降低胎儿的成活率，也会危及母貂生命。

【病因】妊娠期饲料供给不稳定，经常发生变化，造成妊娠母貂食欲波动或拒食；妊娠前期，维生素摄入不全、不足，饲料营养过剩造成母貂肥胖；母貂运动量少；母体产道狭窄，子宫收缩无力；胎儿发育不均，生命力弱，大小不等，死胎、畸形、胎儿水肿等，胎势胎位异常等，都可能导致难产。

【临床症状】多数母貂超出预产期不见分娩，病貂表现不安，呼吸急迫，来回奔走，不停地往返小室内外，有分娩行为，努责、排便，发出痛苦的呻吟；有的从阴道流出褐红色的血样分泌物，后躯活动不灵活。常常两后肢拖地前行，患病貂时而回视腹部，时而舔其阴部。也有的胎儿露出外阴，夹在产道内久久不能产下。母貂衰竭，精神萎靡，子宫阵缩无力，后期往往俯卧于笼内或小室内不动。

【诊断】根据母貂到了预产期，具备临产表现而不见胎儿娩出，母貂表现不安，阴道内有血污排出；时间已超过 16 h，可视为难产。

【防治】

（1）助产　当发现母貂半日仍未产出胎儿，先进行催产。肌内注射垂体后叶素 0.3～0.5 mL，间隔 20～30 min 可重复注射一次。经过 3～4 h 仍不见胎儿产出，可进行人工助产。人工助产首先用消毒液进行外阴消毒（0.1%高锰酸钾溶液或 2%～5%新洁尔灭溶液），继之以甘油或豆油作引导润滑剂，用长嘴止血镊将胎儿拉出。如遇有个别母貂经催产助产无效时，可进行手术剖腹取胎。

（2）手术取胎

① 保定：患病貂仰卧保定，将其四肢与头部分别固定，两后肢尽量向外向后拉，充分暴露术部。

② 麻醉：用静松灵 0.5～1 mL 肌内注射，进行全身麻醉 2～3 min，或用 5%酒精水合氯醛 3～5 mL 直肠深部灌注 3～5 min，然后用 0.5%普鲁卡因 8～10 mL 作术部浸润麻醉。

③ 术部消毒：术部应选择腹部左侧，从剑突软骨到耻骨前缘大面积剪毛、剃毛。先用 5%碘酊涂擦术部，5 min 后再用 75%酒精涂擦。

④ 手术方法：至腹白线左侧 0.5 cm，耻骨联合前缘 4 cm 根据胎儿大小做 4～6 cm 切口，依次切开皮肤、皮下组织及腹膜，充分暴露子宫，用钝型提拉钩将子宫拉出，用浸有生理盐水的灭菌纱布塞住切口，在子宫大弯处两胎儿之间切开一小口，再用剪刀沿大弯剪开子宫 3～4 cm，对存活的胎儿清理口腔、鼻腔异物。脐带用 5%碘酊涂擦后送至保温箱内。用 20 mL 生理盐水稀释青霉素 80 万 IU 灌注于子宫内，依次连续缝合子宫层与浆膜层。最后缝合腹膜、肌肉与皮肤。皮肤切口处涂擦 5%碘酊。

⑤ 术后护理：术后母貂灌服 50%葡萄糖 4～6 mL，口服补盐 50 mL。每天 2 次注射青霉素 20 万 IU，连用 3 d。给予营养丰富、易消化的食物。拒绝给仔貂哺乳的，用其他母貂代养。对一次没有愈合的手术创口，每天 2 次用灭菌生理盐水清洗，直至愈合为止。

二十五、仔貂消化不良

由于母貂肠道疾病或乳腺疾病引起乳汁不佳，导致仔貂下痢，排黄色稀便。

【病因】劣质饲料饲喂泌乳母貂，小室内垫草不足、潮湿，母貂乳头污染，都可能导致幼貂发生消化机能障碍。高蛋白的乳汁在仔貂的胃肠道内异常发酵，产生有害物质，刺激肠蠕动加快出现下痢。

【临床症状】主要发生在出生后1周龄内的仔貂。患病仔貂发育滞后、腹部不饱满、叫声异常，粪便为液状，呈灰黄色，含有气泡，肛门污染粪便。该病具有局部发生的特点，即在个别窝发生。该病多为暂时性的，持续4～7 d，多数转归痊愈。

【剖检】仔貂肠管内有大量黄色液状内容物，胃内残留有食物残渣或乳块，充满气体，肠壁薄。肝脏常常呈土黄色。

【诊断】根据下痢状况、剖检和发病日龄，即可作出初步诊断。

【防治】加强哺乳母貂的饲养管理，供给优质、全价、易消化的饲料。及时清理小室内的污染垫草和粪便，特别是仔貂开始采食后，更要严格注意小室内卫生，及时清除剩食和粪便。仔貂足够大时，及时撤出托仔网。

二十六、胃肠炎

胃肠炎是水貂常见的消化系统疾病。本病没有季节、性别、年龄之分，但多发生在刚断乳的幼貂。此时期的幼貂消化机能比较弱，饲养环境变化很容易导致幼貂胃肠炎，出现大批发病和死亡。

【病因】该病主要是由于胃肠受不良食物及其分解产物的刺激，引起胃肠分泌和消化机能紊乱，胃肠内容物在肠道微生物群的作用下异常发酵，分解产生一些有害的物质，直接刺激胃肠道黏膜，促使炎症的加重或恶化，有害物质被吸收引起中毒，出现全身症状。

发病原因包括饲料质量不佳、新鲜程度不好、加工不洁、日粮比例不当、调制方法不合理、卫生条件不良、饲料不稳定、抗生素滥用，肠道菌群失调等，都会引起胃肠炎，也易导致传染性胃肠炎的流行，如大肠杆菌病、副伤寒等。

【临床症状】可分为卡他性胃肠炎和出血性胃肠炎。卡他性胃肠炎的患病貂精神沉郁、活动减少，腹部蜷缩，食欲减少或废绝，有的出现呕吐。排便频而稀，粪便常呈黄色、灰色或绿色。肛门周围被粪便污染，仔貂所排粪便内有未消化的饲料残渣，仔貂有时出现脱肛。出血性胃肠炎多继发感染或由胃肠卡他性炎症引起，以胃肠黏膜出血为特征。其病程经过较卡他性胃肠炎重而且具有较高的死亡率。表现为精神高度沉郁，体温升高，鼻镜干燥，步态不稳，体躯摇晃，完全拒食，粪便呈黄绿色，内混有血液。死前痉挛，体温下降。

【剖检】卡他性胃肠炎剖检主要变化为胃肠黏膜充血、肿胀，表面附胶冻样黏液。出血性胃肠炎剖检主要变化为胃黏膜有点状或条状出血，肠道黏膜弥漫性出血，内容物混有大量暗黑色血液。局部肠黏膜见有溃疡和坏死灶，肠壁薄，肠系膜淋巴结肿大。

【诊断】根据临床症状和剖检可作出初步诊断。

【防治】不能饲喂腐败发霉变质的饲料，如果饲料质量欠佳，可以预防量轮换使用几种抗生素，达到预防该病发生的目的。防止突然变换饲料。对妊娠、哺乳及断乳仔貂要精心护理，以增强机体对各种疾病的抵抗力。同时注意保持清洁卫生的饲喂环境。

治疗本病首先应查明原因，看是原发性的还是继发性的。如为饲料、管理不当、卫生不良引起的应着重改变上述条件，再结合药物治疗，可收到良好效果。如继发传染病如犬瘟热、沙门氏菌病及某些寄生虫病，则应以治疗原发病为主，对症治疗由此引起的胃肠炎。药物方面，卡他性胃肠炎应以调节胃肠机能、制止发酵为主。出血性胃肠炎应以消炎、收敛、抑制细菌繁殖为主。抗生素可选用土霉素、氯霉素、黄连素、痢特灵、复方新诺明等。促进消化药选用乳酶生、酵母、胃蛋白酶及维生素 B_1。全身疗法可注射青霉素、安痛定、维生素 C 等，同时补给葡萄糖注射液。

二十七、尿结石

尿结石是尿路中某些矿物质盐类沉积，导致黏膜刺激、出血、炎症和阻塞的疾病。尿结石形成起源于肾或膀胱，而阻塞可发生在输尿管及尿道。水貂尿结石多发生在发育较好的幼龄公貂，尤其是刚断奶后。

【病因】饲料中矿物质含量过高，长期给予钙盐丰富的饮水，长期饮水不足，饲料中维生素 A 或胡萝卜素不足或缺乏，肾及尿路感染细菌性疾病，长期服用某些磺胺类药等均可诱发本病。

【临床症状】与结石的大小、形成部位有关。当结石块较小时，一般无异常可见症状。当结石块较大时，则出现明显临床症状，表现为病貂频频排尿，尿少，有时排血尿，有疼痛感，腹部或后肢被毛浸湿。触诊下腹部膨满，感觉膀胱充盈尿液。

【剖检】多数尸体健康良好，剖开即见膀胱膨大，高度充满尿液，膀胱浆膜或大网膜充血、出血。切开膀胱有浓茶水样尿液排出。可触摸到大小不一、数量不等的结石。

【诊断】对死亡貂，剖检即可确诊。病貂根据临床表现、尿液变化及膀胱触诊来确诊。

【防治】该病除手术外没有治疗方法。可加强预防，在仔貂分窝后，多供给鲜奶或奶粉，饲料调制稀些。可以添加氯化铵来预防尿结石形成。

第八章
养殖场建设与环境控制

第一节　养殖场选址与建设

水貂养殖场场址的选择对养殖效益和长远发展有着极其密切的关系，建场前应详细考虑能够影响水貂生长的各种因素，对建设用地和周围进行严谨的勘测排查，对所处地理位置进行严格的审查，对建设用地进行合理的分区布局设计。

场址应选择地势较高、地面干燥，背风向阳的地方，最好是碎沙石或者沙土地面，这种地面不容易积水。自然界中水貂喜居水边，利于捕食水中的鱼类、蛙类，人工养殖水貂不适合长期在潮湿环境中生长，否则对其生长和毛皮均会产生不利影响。水貂生长发育与光照时长有着密切的关系，如果场地有明显的固定遮阴物，使水貂不能感受到自然光照的变化，它的生长性能、繁殖性能将会变得紊乱，不会取得好的养殖效果。水貂具有一定的耐寒性，但是不能不合实际地夸大其对寒冷的抵御能力。如果冬季处于风口位置，水貂会消耗很多饲料来抵御寒冷，寒冷环境对其生殖系统发育有滞后影响。

场址应远离居民聚居区，远离动物养殖区，远离噪声源、粉尘源、污水源等不利于水貂生长和防疫的因素。要考虑到交通的便利性，便于运进饲料和运出污物。水貂日粮中动物性新鲜饲料占 60％ 左右，每年使用新鲜动物性原料量较大，所以动物性饲料原料来源的便利性也应考虑在内。水貂对变质饲料敏感，所以饲料原料的新鲜度对水貂的生长有着很大的影响。水貂是喜水动物，夏天时饮用和降温会利用大量的水，因此充足的水源和良好的水质是建场前应考虑的因素。

水貂养殖场内按照功能区域划分,一般分为办公区(办公室、员工休息室等)、养殖区、饲料加工区(冷库、调制车间、库房、膨化车间、水房、蒸煮车间等)、取皮区(取皮车间、解剖间、兽医室等)、污物堆放区(沉淀池、发酵池、堆粪区等)等五部分。

对于各区域的位置关系,一般的安排是办公区在场区入口大门处,位于上风区;然后是养殖区,位于办公区下风处和地势较高地段;饲料加工区和取皮区在养殖区两侧,与养殖区保持一定的距离(大于 100 m),防止噪声、粉尘和病原微生物与养殖区接触;污物区在整个养殖场的下风处,包括污水处理系统、堆粪、发酵池等,与养殖区距离 100 m 即可。养殖区设置高度 1.2 m 左右围墙,与饲料加工区、取皮和污物区分开,各区之间道路不交叉,车辆不通用。

养殖区栋舍应做好分片隔离,用于存放生产资料的仓库应处于养殖区域角落,并与养殖栋舍存在一定的距离。不同品种、不同用途的水貂应分片进行有针对性的饲养管理。核心育种群和预留种用水貂应放置在上风处,远离可能有污染源的位置。栋舍隔离开来也有利于分清管理责任、进行区域防疫和抓取逃逸水貂。

饲料加工区首先要禁止烟火,制冷剂和膨化产生粉尘容易发生危险;其次要求干燥、通风、阴凉、卫生,同时要求严格消灭鼠害。冷库容量要根据最大养殖量计算库容,在保证原料可以及时充分供应的前提下,库温在 −18 ℃以下,最好可以贮存饲喂 2 个月左右的新鲜原料。解冻新鲜原料、调制全价饲料在饲料车间进行,车间内潮湿、温度较高,应充分考虑到通风来降低湿度的要求。地面和四周墙壁(高 1~1.5 m)应采用无吸附性、易于清理的防滑瓷砖,以防止腐败原料滋生细菌。每次饲料调制完成后及时用高压水枪冲洗地面、沾染的墙壁,以及接触新鲜动物原料的叉车、钩锹、粉碎机、搅拌机、传送带等设备,注意车间内排水沟的清理。地面沾染动物脂肪,会导致地面较滑,容易发生事故,可用碱性水擦洗,效果明显。膨化料加工过程噪声大、粉尘大,应与养殖区保持 50 m 距离。膨化料容易吸潮,继而发生霉变,应与加工车间保持一定的距离。夏季每次膨化使用 1 周左右的量,冬季使用 2 周左右,保存时间过长会使原料里的营养物质会分解。

取皮区包括取皮车间、解剖间和兽医室等,是病原微生物比较多的区域。应充分考虑能污染到养殖区的各种因素,解剖间应安装紫外消毒灯和焚烧炉,

对环境进行充分消毒；取皮车间每次取完皮后应清理干净。

第二节　貂舍与笼箱

水貂舍设计应根据当地实际情况改进设施建设结构，以适应当地的小气候。总体设计原则是简单、实用、成本低。

原来人工打食貂舍结构现已基本淘汰，为适应机械化生产，节省劳动力，提高工作效率，目前主流水貂舍有两种。①开放性的，通常长 60 m（貂舍太长对抓取逃逸水貂不方便），宽 3.5～4 m，貂舍距 3.5～4 m，貂舍间可靠近一侧种植高大落叶乔木，冬天落叶可接受阳光照射，夏季树叶遮阴。貂舍人字脊处距地面 2.2 m 左右，两侧边沿距地面 1.5 m 左右，过高夏季太阳直射，过矮冬季阳光照不进来。用木材或者钢铁或者水泥柱制成人字坡架，上面盖上石棉瓦，在山东、河北等夏季比较炎热地区，人字坡正中间可开设天窗或安装排风扇，用于在闷热天气增加空气流动，防止水貂中暑，也可在棚舍顶部设置喷水管道，以备炎热天气使用。②半封闭式的大棚，一般长 90～100 m，宽 30 m左右，大型人字坡或者圆顶钢结构，大棚两侧为实体砖结构、安装卷帘，可控制内部温度和风速，利于棚内消毒防疫。

水貂舍的建设应根据实地情况，就地取材，灵活设计，使貂舍既符合水貂生长需要，又坚固耐用。

水貂笼具和产仔箱在河北沧州地区有大量厂家生产。以前老式水貂养殖笼具没有一定的规格，可根据自己场的貂舍情况自行制作，现在为了适应大规模、机械化生产，根据丹麦水貂养殖笼舍结构和中国的养殖实际情况，约定俗成形成了一定的规格。笼具是水貂的运动场，也是饮水、采食和排泄的地方。笼具可分为 8 个孔和 6 个孔的，每个孔即为 1 个单间。这两个的区别只是宽度不一样。笼具的长度也有两种，一种是长 90 cm，另一种是长 70 cm，一般长90 cm 的笼具用于繁殖种貂，可增加种貂和仔貂的运动量和活动空间，增强体质；长 70 cm 的笼具一般用于放置皮用水貂，减少运动量，保存能量来增加体重。不管是哪一种规格的笼具，高度一般都是 45 cm。

笼底、笼顶后侧和笼后面材质为直径 1.8 mm、网眼大小 2 cm×2.5 cm 的热镀锌电焊网，笼顶靠近窝箱侧 30 cm 为直径 1.8 mm、网眼大小 2 cm×2 cm的不锈钢网（热镀锌材质容易黏附食物残渣，发生霉变）。每个单间规格为

70 cm×31 cm×45 cm，单间之间间隔2.5 cm，间隔铁网材质为直径1 mm、孔径0.5 cm×1 cm的热镀锌电焊网。

水貂产仔箱，也称为休息室，是水貂产仔、哺乳和休息的地方，也是水貂感到外界有威胁时躲避的地方。一般用厚15～20 mm的细木工板或者松木板加工而成，一般规格为28 cm×30 cm×25 cm。东北地区和山东、河北地区，冬季温度差异大，对于保暖的要求不同，产仔箱的设计有些不同。可根据所在养殖地区的实际情况设计加工，比如增加产仔箱外侧高度；以增加铺设垫草厚度；也可增加覆盖板，冬季覆盖稻草后，压上覆盖板更利于窝箱保温。

笼具底部一般距地面50 cm以上，过低水貂距离污水粪便过近，过高不利于抓貂分食等操作。不同貂笼的水貂有相互撕咬的习性，笼与笼之间保留2.5 cm左右间隔。

第九章
屠宰、取皮及加工

第一节　屠宰取皮前的准备工作

每年在农历小雪节气以后开始密切关注水貂毛皮的成熟度。这个时期应开始准备取皮事宜。取皮工作是劳动强度极高的一项工作，应做好动员工作，准备好处死设备或者药物，检查剪刀等工具是否完备，安排运送车辆，准备好冷库贮存空间等。

第二节　取皮时间与毛皮成熟鉴定

水貂在一般情况下，一年换两次毛。第一次在春季，第二次在秋季。秋季换毛后长到冬季，毛皮即可成熟。毛皮成熟后，经过鉴定即可剥皮。我国幅员辽阔，纬度跨越大，水貂养殖地域广，从江苏省北部直至黑龙江省北部都有水貂养殖场。各地气候条件、地形条件、饲料条件的差异导致各地的水貂毛皮成熟时间存在差异。过早或者过晚取皮，毛皮质量都不能达到最优，从而影响经济价值。各地养殖场应该根据当地气候和实践经验，在最适合的时间点取皮。

一般来说，彩貂比标准貂毛皮成熟早，成年貂比幼貂早，母貂比公貂早，健康貂比病貂或者过瘦貂早。毛皮成熟时间从南到北依次推迟。山东省在10月下旬到11月下旬基本取皮完毕，辽宁省在11月下旬取皮，黑龙江省则要等到小雪节气后，水貂毛皮才能达到成熟的标准。

明华黑色水貂毛皮成熟的标志：①夏毛褪尽，冬毛换齐，毛绒丰厚致密，针毛丰满，挺拔直立，毛被灵活，富有光泽，头部、耳缘针毛长齐，尾毛明显蓬松粗大；②水貂弯曲身躯时有明显裂缝，嘴吹裂缝可见皮板洁白或者稍微有青色；③试剥时，皮肉容易分离，皮板洁白或者稍微有青色，前肢和尾巴尖端可以有青色。

符合以上情况时，基本可以确定毛皮已经达到成熟程度。在实践生产中要结合市场要求和自身利益来确定取皮时间。例如山东省的皮货商对皮板的洁白度要求不高，一般收购的皮张皮板呈现青灰色稍微显白，青灰板皮张背部针毛比较短而且平、齐，对服装质量没有影响。

除季节取皮外，还有一种褪黑激素皮。各地埋植褪黑激素时间稍微有些差异。在吉林省不留种的老龄公貂和老龄母貂在 6 月中旬开始埋植；不留种的仔貂在断乳分窝后，待针毛长出后埋植。公貂埋植 90 d 左右，母貂在 80 d 左右皮张达到成熟。当年幼貂毛皮成熟时间计划在 11 月上中旬，与季节皮成熟时间接近，可按照季节皮出售。激素皮张成熟鉴定可按照季节皮鉴定方法鉴定毛皮是否成熟，一般激素皮的皮板都有些青色，不及季节皮板白。水貂埋植褪黑激素既节省饲料费用，又减少劳动力和养殖风险。

第三节　处死方法

剥取皮首先涉及的是水貂的处死方式，我国的水貂养殖场大小不一，技术条件和经济水平也参差不齐。考虑到动物福利，药物处死法比较合适。中国农业科学院特产研究所试验站毛皮动物养殖场一直使用氯化琥珀胆碱注射液（司可林）处死水貂，该方法水貂死亡迅速，无痛苦，不损伤皮张，也比较经济。1 支 2 mL 氯化琥珀胆碱注射液可按 50 倍稀释，每只水貂肌内注射 2 mL，可在 5 min 内致水貂死亡；心脏注射 1 mL，可在 5 s 之内致水貂死亡。水貂尸体的利用要充分考虑药物残留的影响。

第四节　剥皮与生皮的初步加工

一、剥皮

目前水貂的剥皮方法主要有圆筒式、袜筒式和片状式三种。水貂剥皮一般采用圆筒式剥皮法，以下为圆筒式剥皮法的具体操作程序。

1. 挑裆　捏住后肢掌，用挑刀（或者剪刀）从后肢肘关节（脚掌上部）处下刀，沿腹内侧长短毛交界处挑至肛门前缘，横过肛门，再挑至另一只脚掌前缘，最后由肛门后缘中央沿腹面中央挑至尾中部，去掉肛门周围的无毛部位。刀要紧贴皮肤以免挑破肛门腺，挑裆时必须严格按照长短毛分界线准确下刀，在距肛门下 0.6 cm 处割掉一小块三角形毛皮，绝不允许采用脚掌—肛门—脚掌的一条线开裆方法。要防止后裆部位重叠，做到背、腹一齐。尾部应从中点直线挑至肛门后缘。

2. 前后脚掌的处理　后肢可以在脚掌踝关节处剪断，前肢可以在腕关节或者肘关节处剪断。

3. 剥皮　挑完裆后，用锯末擦洗干净挑开处的污血，防止污染皮张也可防滑。将手指插入后肢的皮与胴体之间，用力均匀地剥离皮张直至踝关节，剪断，将粘连部分分开。将尾根处皮肉仔细剥离开来后，可用剪刀手柄夹住尾骨用力往尾尖处拉，即可剥离整个尾巴，然后挑开尾部剩余部分。将两个后肢固定于工作台上，用锯末清洗手掌和皮张的血污处，两手抓牢两后肢，剥离皮张应均匀用力往头部拉，使皮肉分离，皮张呈现毛朝里的圆筒状。剥公貂皮时，要先剪断阴茎口，防止破坏皮张。到前肢部分时，要小心用力，逐个剥离前肢，不可用力猛拽。一手拽皮张一手抓前肢，待皮张过了肘关节露出腕关节时剪断。剥离到头部时更需小心谨慎，可以用刀具辅助剥离，一手拽皮张一手拿刀，小心剥离耳基部和眼眶基部，贴着骨膜和眼睑小心地割断皮与肉的连接处，注意保持耳、眼、鼻、唇部完整。整个剥皮过程要边剥皮边撒锯末或者玉米面。剥下的皮张或者直接出售，或者经过初加工、干燥后再出售。因为小养殖场的初加工过程不精准且比较粗糙，容易产生破损皮，所以现在服装生产企业倾向于收购未经加工的皮张。

二、初步加工

水貂身上剥下的鲜皮，含有脂肪和蛋白质等有机物质，还含有水分，在一定温度下很容易腐烂变质，甚至报废。鲜皮应及时进行加工，一般初步加工包括刮油、洗皮、上楦、干燥和下楦5个过程。

1. 刮油　刮油时用力要均匀，持刀要平稳，速度要适中，以刮净残肉、结缔组织和脂肪，不损坏毛囊为原则。刮油分机器刮油和手工刮油两种方式。大型养殖场一般使用机器刮油，速度快，效率高，皮张洁净，破损皮张少。先将筒状生皮套在刮油机的木质辊轴上，拉紧后用铁架固定住两后肢和尾部。右手握刀柄，接通电源，机器刮油刀开始旋转。刮油时先从头部开始，使刀轻轻接触皮板，同时向后推刀至尾根，依次推刮。使用刮油机时，起刀速度不能过慢，所刮部位只允许走一刀，如需再刮，应使貂皮转 1 周，否则刀具摩擦生热，容易损伤皮板，造成严重脱毛。皮板上残留的肌肉、脂肪和结缔组织用剪刀修剪干净。

小养殖场一般使用手工刮油。将圆筒状皮毛朝里套在楦木上，贴紧，使用竹刀或者钝刀顺毛的方向刮，从尾根或者后肢开始往头部刮，刮刀一定要稳，切忌用力过猛伤害毛根。母貂的乳房部位，公貂的阴茎部位和前腋下容易刮破，要特别小心。残存的肌肉、脂肪、结缔组织可用剪刀去除。木楦有两种，一种细小的适合刮母貂皮，一种粗大的适合刮公貂皮。边刮油边用锯末搓洗皮板和手指，以防油脂污染毛被。

刮油不当，会造成刀伤和破洞等人为伤残，使一张优质貂皮变为残次皮，影响毛皮质量。刮油前应注意将貂皮上的异物清理干净，操作时貂皮不准重叠。应努力提高技术水平和熟练程度，手法不宜过重，以免损伤毛囊。

2. 洗皮 刮油后要立即洗皮。用小米粒大小的硬质锯末或者粉碎的玉米芯搓洗，先搓洗掉皮板上的残存油脂，翻转皮板搓洗毛被，先逆毛后顺毛，然后抖掉搓洗物，直至使毛绒蓬松、灵活、显出原来的颜色和光泽为止。洗皮用的锯末和玉米芯要过筛以除去细粉和灰尘。切勿使用麦麸和含油脂的锯末洗皮。在洗毛面的木屑内加适量的中性洗涤剂，可使毛面洁净、光亮。

大量洗皮可使用转鼓和转笼，效果较好。先将皮板朝外的皮筒放入装有锯末的转鼓里，转动转鼓，转速控制在 20 r/min，运转 10 min 即可。然后将皮筒翻转，使毛被朝外，再放入转鼓中清洗，速度和时间与上相同。洗皮用的锯末不能太细，否则容易附着在绒毛内不容易抖落。把洗完的皮张在转笼内甩干净锯末和粉尘，转速和时间也保持在 20 r/min，10 min 即可。洗皮分洗毛面和洗皮板两项，不可混装入转鼓。所用的木屑不能含树脂，洗毛和洗皮木屑不得混合使用。每次投入转鼓的貂皮不宜过多，并注意转速不可过快，应以貂皮从转鼓上部穿过、木屑不断落入地面为好。

3. 上楦 刮油和洗皮后应及时上楦板，可防止干燥后皮张收缩或褶皱，并可使皮张对称美观。水貂皮所用楦板是全国统一标准，分公母两种，各地公司均有成品出售，养殖场和养殖户不得随意制作和使用不合格的楦板，否则会降低毛皮等级和质量，影响卖价。上楦时应以能顺利操作而不出现皱褶为标准，尾簇成倒塔形，比原尾缩短 1/2，后腿拉宽、展开，自然下垂，皮身不歪

不斜。防止拽拉过大降低毛绒密度，影响覆盖能力，有损毛皮质量。有的地区用泡桐木制作楦板，木材含单宁物质，易使皮板黄染，必须蒸一下才可使用。水貂用楦板统一规格见表9-1。

表9-1　水貂皮楦板规格

公皮楦板	母皮楦板
全长1 100 mm，厚11 mm	全长900 mm，厚10 mm
距尖端20 mm处，宽36 mm	距尖端20 mm处，宽20 mm
距尖端130 mm处，宽58 mm	距尖端110 mm处，宽50 mm
距尖端900 mm处，宽115 mm	距尖端710 mm处，宽72 mm
距尖端130 mm处，中部开透槽，长710 mm，宽5 mm	距尖端130 mm处，中部开透槽，长600 mm，宽5 mm
距尖端130 mm处，两侧开半槽，长840 mm，宽20 mm	距尖端130 mm处，两侧开半槽，长700 mm，宽15 mm
由尖端起，两侧正中开一条小沟槽，距尖端140 mm处开与中槽相通的透槽，长140 mm	由尖端起，两侧正中开一条小沟槽，距尖端120 mm处开与中槽相通的透槽，长130 mm

先用废报纸缠好楦板，套上毛被朝外的筒状貂皮，调正皮形，把两前腿顺着腿筒翻入胸内侧，露出的腿口与全身毛面平齐。然后翻转楦板上正头部，使楦板顶端顶住水貂鼻部，尽量拉伸头部，使用图钉固定鼻部，再拉臀部，将尾基部尽量拉宽、固定，使尾部边缘与尾根平齐，用图钉固定。用拇指从尾根部开始，依次横拉，尽量拉宽皮面，形成许多横的褶皱，直至尾尖，如此反复拉伸2～3次，使尾部长度缩短2/3或者1/2，以细网片压在尾上，用图钉固定。背面上好后，再翻上腹面，拉宽两后腿，铺平在楦板上，使腹面与臀部边缘平齐，两腿平直靠紧，盖上细网片，用小钉固定。最后把下唇折向外侧。

4. 干燥　毛皮最好是采用专用的风干机进行常温通风干燥。小型养殖场、专业户也可因地制宜采用烘干的方法进行干燥。温度要求保持在20～25 ℃，室内通风并保持干燥。皮张上好楦板后直接进行风干，将皮张嘴部插到风干机的气嘴上，使气体通过皮张里侧带走水分。风干生皮的最适温度是18～25 ℃，湿度55%～65%，严禁在高温（大于等于28 ℃）或者强烈日照下进行风干，会造成毛峰弯曲或者闷板脱毛。室温维持在20～25 ℃，每分钟每个气嘴喷出空气0.29～0.36 m³的条件下，大约24 h水貂皮即可风干。应抖起毛峰、腹部向上再送风，皮张不准重叠。每次处死水貂数量不宜过多而堆积，以免温度升高造成流针飞绒和受闷脱毛。

5. 下楦　当四肢及腋下部位基本干燥时，要及时下楦。下楦时仔细拔出所有钉子，用软毛梳子梳理一下毛被，与楦板粘连的皮张可以手拿尾部，以鼻尖处轻轻撞击地面震荡几次，即可拿下，不可敲击楦板棱角处。下楦后的毛皮要放置在常温室内进一步晾干。

至此水貂皮的初加工基本完成，干燥的水貂皮张放入冷库即可较长时间保存，常温保存还需要经常检查虫蛀、返潮等情况。

第五节　影响貂皮价格的因素

许多因素可以影响貂皮的质量，进而影响貂皮的价格。影响皮张质量的因素概括起来说有两种，一种是客观因素，一种是人为因素。

一、客观因素

养殖地域以及水貂的性别、年龄都能影响貂皮的质量，如东北地区气候寒冷，貂皮毛绒丰厚，皮板较厚；山东、河北地区气候温暖，貂皮绒毛相对较稀少，皮板也薄。还有水貂的品种问题，美国短毛黑、丹麦天鹅绒、金州黑貂、普通标准貂的貂皮质量有一定差别，这种影响因素是先天性、决定性的。每个养殖场无论大小都应该有选择地留种、选种或者引种，结合养殖各品种的预期效益，养殖迎合市场需求的品种，淘汰价值低、不受市场欢迎的品种。

水貂的毛色对价格的影响也非常明显，前几年流行咖啡色貂皮，后来流行米黄色，目前又流行白色，可见市场对养殖有较大的影响。因此，要对市场有一个前瞻性预测。

二、人为因素

饲养管理不当可能会导致皮张质量下降。水貂咬伤、营养缺乏导致的食毛、尿湿症，笼箱潮湿污染皮张颜色（尤其是白色水貂）等都会降低毛皮质量；饲料中维生素和无机盐缺乏会导致毛纤维发育不良，被毛色浅、脆弱等；饲料中缺少甲硫氨酸、胱氨酸等含硫氨基酸会导致毛皮发育不良，毛纤维强度降低等。

不同季节的皮板组织结构和毛被的成熟度有很大差异，导致皮张成熟鉴定不准确，将会造成极大的损失。屠宰方式不当会造成各种伤残，降低质量，要准确鉴定貂皮成熟时间并用正确的方式屠宰。

初步加工时造成的损伤，如剥皮不小心造成刀洞、撕断；刮油时用力过猛；上楦风干不当导致焦板、霉板、皱板等缺陷；皮张保存过程中，返潮、浸水、虫蛀、鼠咬等；运输过程中雨淋、挤压、撕破等都会降低貂皮质量。

第六节　水貂副产品开发关键技术

饲养水貂不仅可以获得珍贵的皮张，而且貂脂肪、貂粪等副产品也具有较高的经济价值。

一、貂脂肪

水貂的脂肪浸透性很强，易乳化，含有多不饱和脂肪酸，在常温下比较稳定，熔点低，无毒，无刺激性气味。油脂组成上接近人体脂肪，经过一系列的加工后，可用于高级化妆品、高级鞋油及治疗皮肤病的药物原料。

水貂油脂的表面张力为34.9，低于其他动植物油脂的表面张力，为优质的化妆品原料，能够在皮肤表面形成一层薄膜，使皮肤柔软滑嫩。水貂油脂对湿疹、皮肤过敏等皮肤病具有良好的治疗和预防效果，特别是对干燥鳞状的皮肤炎症效果更为明显。

二、貂粪

貂粪是高效有机肥，并有一定的驱虫灭虫功效。鱼塘施用貂粪可提高水质肥力，增加鱼饵料来源。对小麦、谷子追肥增产效果明显。一只成年貂一年可产粪便大约28 kg，厩肥约280 kg，充分利用养殖场的粪便、排泄物，是建设循环农业经济、生产绿色无公害农产品的关键一环。

参 考 文 献

陈伟生，2005. 畜禽遗传资源调查手册 [M]. 北京：中国农业出版社.

李治忠，阎新华，1987. 水貂的饲养 [M]. 长春：吉林科学技术出版社.

配合饲料讲座编纂委员会（日），1988. 配合饲料讲座 [M]. 北京：农业出版社.

苏伟林，荣敏，2015. 养貂技术简单学 [M]. 北京：中国农业科技出版社.

佟煜人，钱国成，1990. 中国毛皮兽饲养技术大全 [M]. 北京：中国农业大学出版社.

杨福合，2000. 毛皮动物饲养技术手册 [M]. 北京：中国农业出版社.

杨福合，唐良美，魏海军，等，2012. 中国畜禽遗传资源志——特种畜禽志 [M]. 北京：
　中国农业出版社.